# 花花老師的減醣甜點

45 款甜點 ✕ 最精簡工法，可以立刻上手的夢幻食譜

曾心怡（花花老師）——著

# CONTENTS

## chapter 1
*Mousse*

## chapter 2
Jelly

## chapter 3
Curd Cookie

CONTENTS

chapter 4

Drawn Butter

chapter 5

Cake

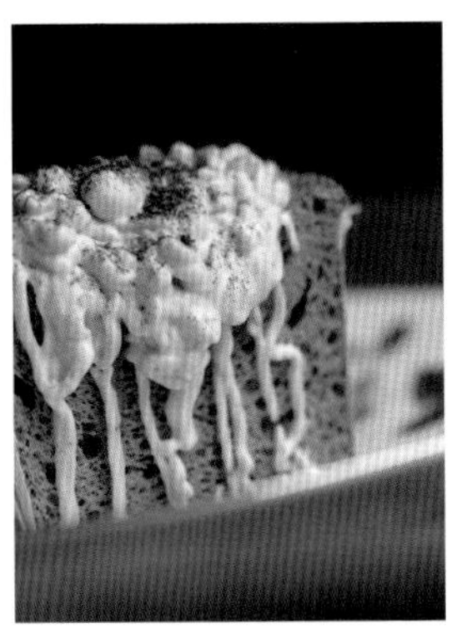

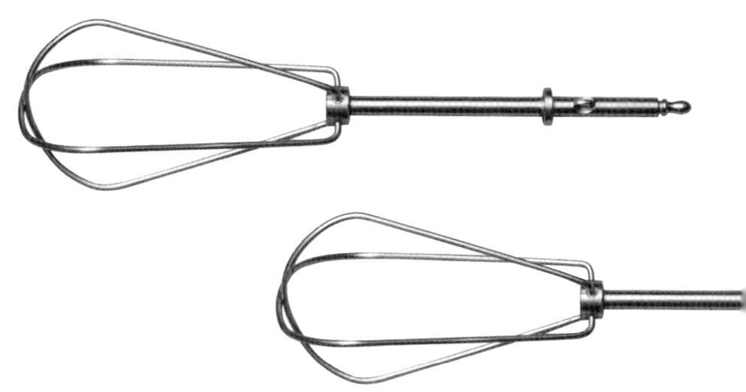

chapter 6

Dessert Cup

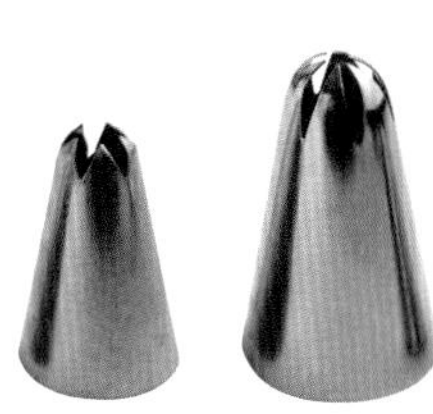

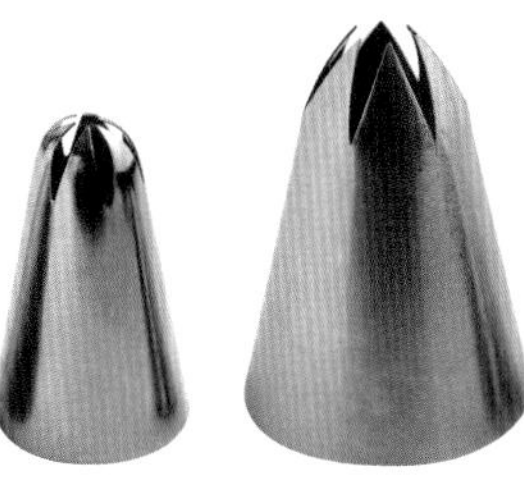

推薦序

# 學習減醣與療癒自我的平衡

料理生活家／**蘿瑞娜**

大概從我入手花花老師《旅行餐桌》的那一刻，我倆的緣分便在冥冥之中被串起。

還記得那時在瑞典翻閱時，驚喜地發現原來在地球的另一端，也有位母親和我一樣，樂此不疲地帶著孩子四處旅行。在旅行中，體驗不同的風土民情，學會尊重與感謝，也學會用心感受並珍惜生命的每一個當下。回到日常中的每一刻，都能好好吃飯、好好生活。

當了多年網友之後，終於有機會面對面的互動。更是印證了彼此內在那份對孩子、對生活的熱愛，以及在飲食上那份無法妥協的堅持，都是那麼不謀而合。

所以得知花花老師這次要打破世俗的刻板觀念，與大家分享減醣甜點，身為一位需要忌嘴並監控體重的重度酗甜點者，真是雀躍不已。只能用行動來力挺，拿出覓幸茶旅的無毒原葉茶粉贊助，也真心推薦這本減醣者的福音。

減醣，一樣也可以用甜點療癒自己。

自序

# 我與減醣甜點的邂逅

我在減醣四年半的時間出了四本減醣食譜，為何到現在才願意撰寫減醣甜點？這要從我的減醣之路說起。

一開始接觸低醣生酮的時候，我曾經因為想滿足口腹之慾做了一些甜點，但我對甜點有很多的執著，要好吃、要美、口感不能打折扣……在這些自我要求的限制下，我願意嘗試製作的甜點非常有限！

## 第一階段：無須添加麵粉的甜點

一開始我以不需添加麵粉的甜點為主，像是乳酪醬、凝乳、慕斯，此後，我才開始研究怎麼把這些看似簡單的甜點做得美味，並透過調味、比例尋找好吃的配方！然而，慕斯、凝乳類的甜點，要做得漂亮還是需要一些技巧。

## 第二階段：使用低醣麵粉製作甜點

之後因緣際會認識了鳥越低醣麵粉，我嘗試使用這個完全不一樣的麵粉來製作甜點，難度不但大幅降低、也兼具了甜點該有的細緻口感，但低醣麵粉價格高不易購買，很多粉絲跟我反應此種甜點依然不夠親切。

## 第三階段：找到更適合的材料來製作甜點

在尋找配方的過程中，我發現輕乳酪蛋糕的麵粉量並不高，於是我開始嘗試以減少麵粉份量的方式製作甜點，竟然發現這樣的蛋糕口感不但輕盈細緻，製作難度也不高，有了蛋糕這個基底，就能藉此搭配變化出更多不同的甜點組合了！

## 第四階段：利用容器製作簡單又漂亮的甜點

利用層層疊疊不同口感、風味的甜點組合，就可以做出各式漂亮又好吃的甜點，但若非有些甜點基礎並經過練習，實在很難完成。我開始思索如何用更簡單的方式製作組合甜點，發現各式大小玻璃杯、梅森罐是很棒的選擇，可以做一到兩款甜點，簡單灌入杯子裡，疊加在杯子裡，不用擔心成型問題，一次一杯更可以控制份量，不會一不小心沒把持住吃太多！

## 花花老師減醣四年半的經驗談

將減醣飲食內化成自己的一部分，成為一種生活習慣的確不容易，我自己也是在過程中不斷調整與修正，找尋適合自己的方式。

## 減醣初期

剛開始減醣時，我真的非常自制，只要醣量稍高的食物都不吃，持續了三年後，體重一直沒有太大的變化，也一直無法降到自己期望的體重。我覺得這樣的方式非常不容易執行，飲食也受很大的限制。能吃的甜點大概就是凝乳、乳酪、慕斯類的甜點，為了不攝取精緻糖，嘴饞的時候都得自己製作。

## 減醣中期

堅持了三年很嚴格的減醣生活，真的覺得有點疲憊，看到身旁有一些「佛系」減醣的朋友體重控制得宜，就想試試增加一些醣類的攝取！一開始我從豆類、根莖類開始嘗試，像是豆沙、芋泥這一類的甜點，在控制份量的前提下，讓自己的飲食有更多的選擇性！

## 減醣後期

某一次帶著孩子長途旅行，途中飲食無法餐餐自理，只能盡量挑選醣量較低的外食，真的不好找的時候，也要接受醣量較高的小吃，經過八、九天的旅行，我本以為自己會胖很多，沒想到回來後隔幾天，我感覺褲子變鬆了！醣量較高的飲食期間的確會有水腫的狀況，看起來像是發胖了，但回來堅持幾天嚴格的減醣飲食，水腫消退後竟然比之前還瘦一些！

我這才發現，原來我可以用更輕鬆的方式執行低醣飲食，週末時讓自己犯規一下，週間還是嚴格執行低醣飲食比例，維持這方式一段時間後，我的肌肉量變高，體重甚至比之前再少一些！

找到一個能長期執行的方式，也更能讓減醣成為自己生活的一部分，甚至可以偶爾讓自己開心一下，吃點犯規的美食解饞！我也開始嘗試在甜點中增加少許醣量較低的水果以及抗氧化的莓果類，讓我的甜點之路更加的多變且輕鬆！

因為這一路以來的自身的經驗和心得，讓我開始嘗試更多的甜點變化！

## 前言

# 減醣到底可不可以吃甜點？

時常有人問我，「花花老師，減醣可以吃甜點嗎？」其實每個階段我都有不同的想法，現在我會給大家以下的建議！

## 前三個月盡可能不吃任何的甜點

「果糖」不刺激血糖，早期就是研發給糖尿病患者使用，但大量使用後發現，果糖雖然不會刺激血糖，但會增加三酸甘油脂。

就目前的研究資料來看，羅漢果糖、赤藻糖醇是大多減醣專家建議的替代性甜味劑，但若是對甜味劑產生依賴也不是長久之計，因此我會建議減醣的朋友先戒除糖癮，讓自己習慣吃天然的食物。

戒除糖癮後，對味道的感知更加敏銳，少許的羅漢果糖就可以讓我感覺到甜味，美麗的甜點便成為假日或是家庭聚會的小確幸。

## 適量使用豆沙、芋泥、水果、堅果粉等食材

這一類醣量較高的食材，我個人覺得可以吃但是要適量。外面販售的豆沙、芋泥一般都會用大量的精緻糖調味，因此建議你可以自己製作，我在書中也有示範這一類食材簡單的做法。至於若是選擇將水果類加入甜點，我會選擇抗氧化高的莓果類，如果是裝飾則少量使用，一份甜點只會用到一點點的奇異果或是葡萄。

我一直堅持沒有不能吃的東西，一切都是份量的問題！例如：堅果可以吃，但不適合大量吃，水果也是一樣的道理！

## 減醣甜點怎麼吃？

減醣甜點大致上我會分成兩大類：無醣＆低醣

◆ **無醣甜點**：使用奶油乳酪（Cream Cheese）、鮮奶油、奶油、牛奶製成的甜點，因為沒有醣類，所以就沒有太大的限制，但這甜點大多以乳製品製作，若對乳製品過敏，還是建議適量食用。

◆ **低醣甜點**：使用水果、豆沙、芋泥、堅果粉製作的甜點，建議大家適量食用，我通常會使用100～120毫升的小杯來製作，一次吃一份，既可解饞又不會過量。

## 高油的甜點真的健康嗎？

花花老師的粉絲一定都知道我不斷提醒大家，減醣千萬不能減脂。減醣減脂會讓你把「低醣飲食」吃成「低卡飲食」，長期低卡對身體是有影響的，但甜點的脂肪量的確比起一般餐點高很多，所以我一再建議大家，雖然我們使用的是優質的奶油、奶油乳酪，還是得適量地享用。

這本書是我研究減醣甜點四年半後的成果，希望可以透過輕鬆簡單的製作方式，讓大家可以享用美味的甜點！除此之外，更希望大家能夠在這之中得到成就感。我在此書中也特別歸納了裝飾的小訣竅，讓大家可以跟朋友分享美味、健康、又美麗的甜點。

甜點本來就是色、香、味俱全的享受，除了運用簡單容易取得的材料來製作，還可運用大家都能做到的裝飾技巧，讓你的甜點成為超上鏡超吸睛的作品！減醣的你不要再為減醣甜點到底能不能吃感到糾結，快點動手跟我一起享受更美好的減醣人生吧！

# 製作減醣甜點不能不了解的材料

## 奶油乳酪

奶油乳酪是烘焙糕點常見原料之一。奶油乳酪能被歸類於健康食物嗎？有人認為它是罪惡食物，另一派則認為它像希臘優格一樣，是健康的選擇。

《美國臨床營養學雜誌》中哈佛大學研究探討「食用乳脂與心血管疾病風險的關係」，研究人員追蹤20萬名男性和女性，發現奶油乳酪等全脂乳製品與心血管疾病、心臟病或中風風險增加無關。同時研究人員也發現，用多元不飽和脂肪（常見於堅果和種子）或全穀物中的優質碳水化合物代替乳脂，確實分別能降低24%和28%的心血管疾病風險。最後研究人員得出結論，全脂乳製品雖不至於增加心臟病的風險，但並非最佳選擇，增加不飽和脂肪的攝取，可能會對保護心臟健康更有利。

本書中大量使用「奶油乳酪」為主要材料，若食用過多的確會大幅增加飽和脂肪的攝取，脂肪的部分我還是會建議要均衡攝取，因此還是提醒大家減醣甜點還是適量解饞，並同時選用優質的不飽和脂肪為食用油，才是對健康更好的選擇唷！

## 奶油

奶油是一種乳製品，由牛奶製作而成。常用於烹飪、烘烤，因為運用廣泛，其實不需要刻意避免食用，但也記住不要過度使用。奶油大約有70～80%的飽和脂肪，少量的不飽和脂肪，一般我會盡可能的選購草飼奶油。有乳糖不耐症或對乳製品過敏的朋友，也可以自己製作澄清奶油來替代使用。

## 羅漢果糖

羅漢果糖的甜味不是來自果糖或葡萄糖，而是來自一種稱為羅漢果苷（Mogroside）的抗氧化劑，也被稱作「羅漢果萃取物」，這個成分也沒有熱量的疑慮。但羅漢果萃取物的甜度很高，因此常與其他甜味劑混合，以平衡甜度，例如市面常見的Lankanto羅漢果糖，就是混合赤藻糖醇。

## 赤藻糖醇

赤藻糖醇是一種幾乎不會產生熱量的甜味劑，甜度為蔗糖的70%，熱量產生極低，約為0.4大卡／克，美國食品藥物管理署（FDA）、歐盟和日本甚至允許將其標示0大卡／克，對於愛吃甜又怕胖的人，或是糖尿病患者，都可做為砂糖替代品之用。

赤藻糖醇可迅速被小腸吸收進入血液中，難以進入大腸。人體因為沒有分解赤藻糖醇的酵素，所以很迅速就會經由尿液排出體外，難以分解產生熱量。不但不會影響正常的醣類代謝，也不會造成血糖明顯上升，更不影響胰島素分泌，是在目前已知的糖醇中，熱量值最低的一種。

## 吉利丁片

一般由牛、豬、魚皮或骨頭等結締組織中提煉出的膠質，也稱為明膠，屬於葷食，會帶有少許動物的腥味。吉利丁片呈現半透明黃色片狀，一片約重2.5克，不同廠牌會有些許差異。粉末狀的吉利丁粉可以和吉利丁片互相代替，一片吉利丁片可以用1／2小匙的吉利丁粉替換，不過要注意吉利丁粉要加入3倍的冷開水，並隔水加熱到溶解後才可使用。

## 洋菜

洋菜又名瓊脂、石花菜、大菜，日本人習慣稱為「寒天」，是一種含有豐富膠質的海藻類植物，常被使用在餐點及甜品中。市面上可買到粉狀、角狀、條狀、絲狀等等不同型態，口感較其他常見做為凝結用途的材料脆口，也是適合清熱消暑的點心。

## 堅果粉

本書中的餅乾使用的主材料為堅果粉，杏仁粉、榛果粉、核桃粉都可以。烘焙的杏仁粉是美國杏仁磨成粉，與台灣常見沖泡成飲品的中藥材（南、北杏）是不同的食材，不僅品種不一樣，其用法、味道也迥然不同，因此要特別注意採購正確材料。

## 小麥蛋白粉

小麥蛋白粉，又稱活性麵筋粉，可以增加麵粉筋度，小麥蛋白粉和酵素一樣，可延緩麵包老化。在餅乾麵糰中加入小麥蛋白粉，不但可以使餅乾的麵筋增加，更可以使麵糰在製作過程中更加輕鬆不至於散開碎掉，由於糖分較低，也是減醣的朋友可以適量使用的材料。

# 相關器具說明

## 電子秤

隨著時代進步，愈來愈多家庭會使用電子秤，就算你是鮮少踏入廚房的小資女，我也建議投資一臺電子秤。相對於舊式的秤子，電子秤保養較容易，又可以隨時歸零計重，非常方便～

## 濾網

濾網算是家庭常見的廚房工具，不論是將水餃撈起，或是煮麵時撈麵都很方便。要注意的是，烘焙甜點時常需要藉由濾網過濾，因此挑選上要選擇孔徑較小的濾網，做出來的甜點成品也會更細緻唷。

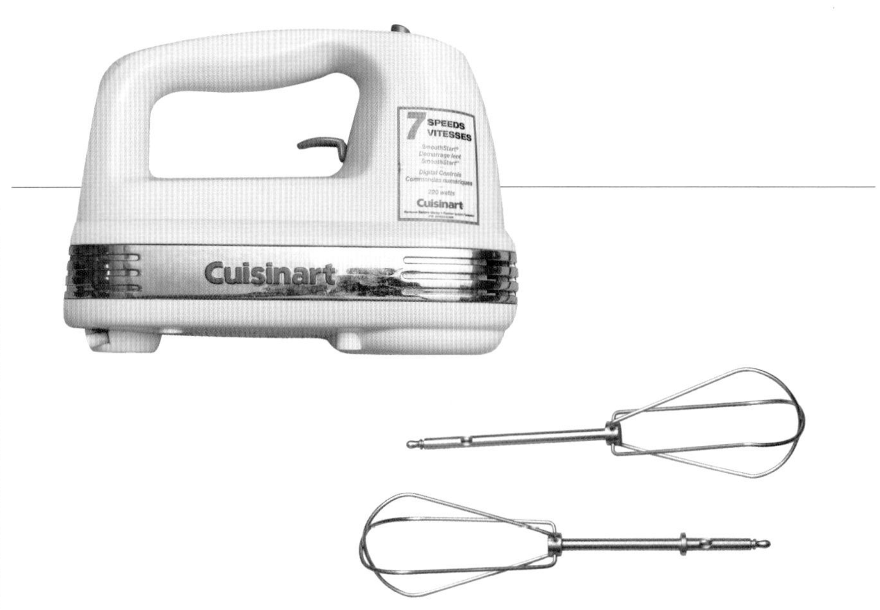


## 電動打蛋器

說到做甜點必入手的工具，我會建議一定要購買一臺電動打蛋器，雖然純手工依然可以把蛋白或鮮奶油打發，但那要花很長的時間，且新手很有可能因為角度不對、打發時間過長等等原因，導致打發的程度不足，進而造成甜點失敗唷。

因此，投資一臺電動打蛋器不但省時省力，還可以讓做甜點快樂許多，不過我會建議使用雙頭的電動打蛋器，可以打得比較細緻又均勻～

## 果汁機／食物調理機

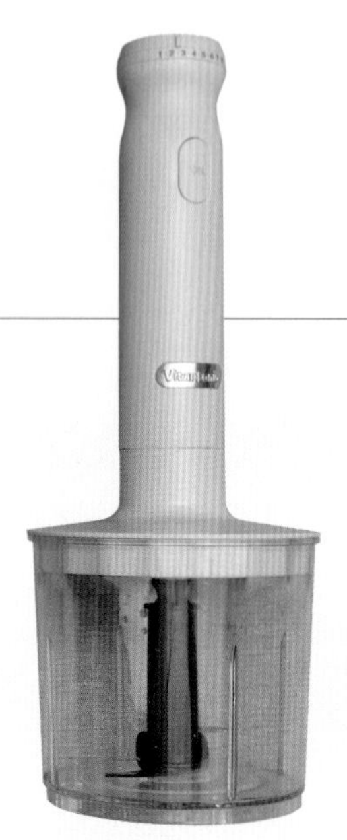

果汁機跟食物調理機的功能非常雷同，都是可以輕鬆將食材混合均勻或切碎的工具。通常食物調理機可以切得比較碎，但現在很多果汁機的功能非常厲害，因此如果家裡沒有食物調理機，可以用果汁機替代即可。

## 刮板

刮板主要是做餅乾、麵包或中式甜點時使用的重要工具，但要把刮板用的好必須要經過長年的練習，才可以快速運用刮板調整麵團。市售的刮板價格都不貴，但大小材質各有差異，如果是烘焙新手我會建議採購一個符合自己手掌大小的刮板，操作起來比較容易。

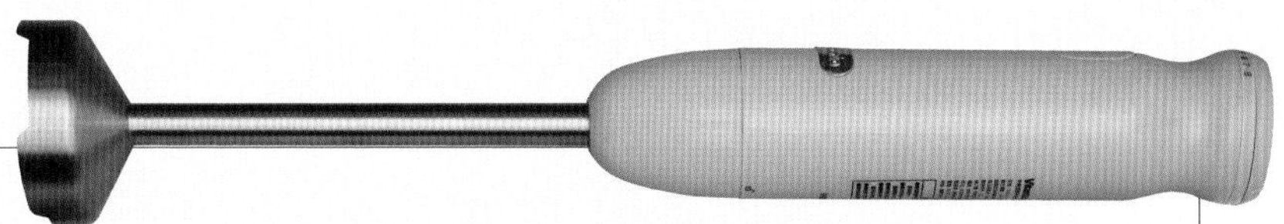

## 均質機

這項廚房用具在台灣比較少見，因為它的功能跟食物調理機較雷同，因此很多家庭會擇一購買。但在西餐中，有不少餐點必須仰賴均質機才能製作，像是南瓜濃湯或是凝乳，因為均質機可以讓液體乳化和消除液體中的空氣，達到食物調理機或果汁機都較難達成的滑順口感，如果家裡可以負擔，還是建議採購唷。

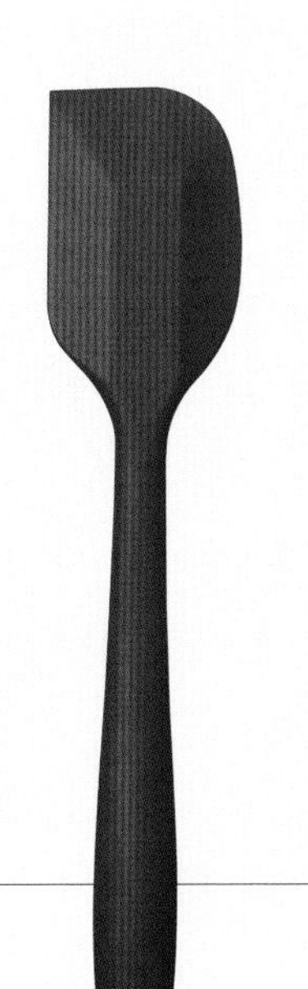

## 橡皮刮刀

橡皮刮刀算是比較年輕的家庭中會常備的工具，因為橡皮刮刀比炒勺好清洗又很輕，所以不少年輕媽媽會使用橡皮刮刀。但這邊要特別注意的是，通常烘焙用的橡皮刮刀耐熱程度比較低一點，如果有打算平常當炒勺使用，建議還是要買耐熱度較高的橡皮刮刀，且收納時要遠離熱源喔～

# chapter 1 Mousse

# 慕斯

甜蜜柔滑的綿細口感

慕斯（法文：Mousse）最早出現在美食之都法國巴黎，最初為甜點師傅在奶油中加入具穩定作用和改善結構的材料而偶然製作而成。依據調配比例的不同，不但在外型、色澤、結構、口味上變化豐富，冷凍後再食用的綿密細緻口感，更讓它成為甜點中的極品。慕斯的出現符合了人們追求精緻時尚及崇尚自然健康的生活理念，也滿足大師對甜點創作更大的空間。

慕斯的配方很多，大部分都是利用吉利丁片當作凝固劑製作，依據食材不同的水分比例以及濃稠度，最後加入打發的鮮奶油，就可以製造出輕盈並入口即化的口感！

只要掌握好吉利丁片的比例，成功率便非常高，我建議吉利丁片的用量，可以以總材料重量的1%為基準，再依照食材濃稠度做些微調整。例如：

◆ 吉利丁片比例可以調整到0.8～0.9%

若是奶油乳酪比例較高，或是添加芋泥之類較濃稠的食材，吉利丁片用量可以少一點。

◆ 吉利丁片比例可以調整到1.2～1.3%

如果是果汁、牛奶等比較稀的食材，吉利丁片用量可以多一點。

每個人都可以自行調整比例，製作出自己最喜歡的慕斯口感！

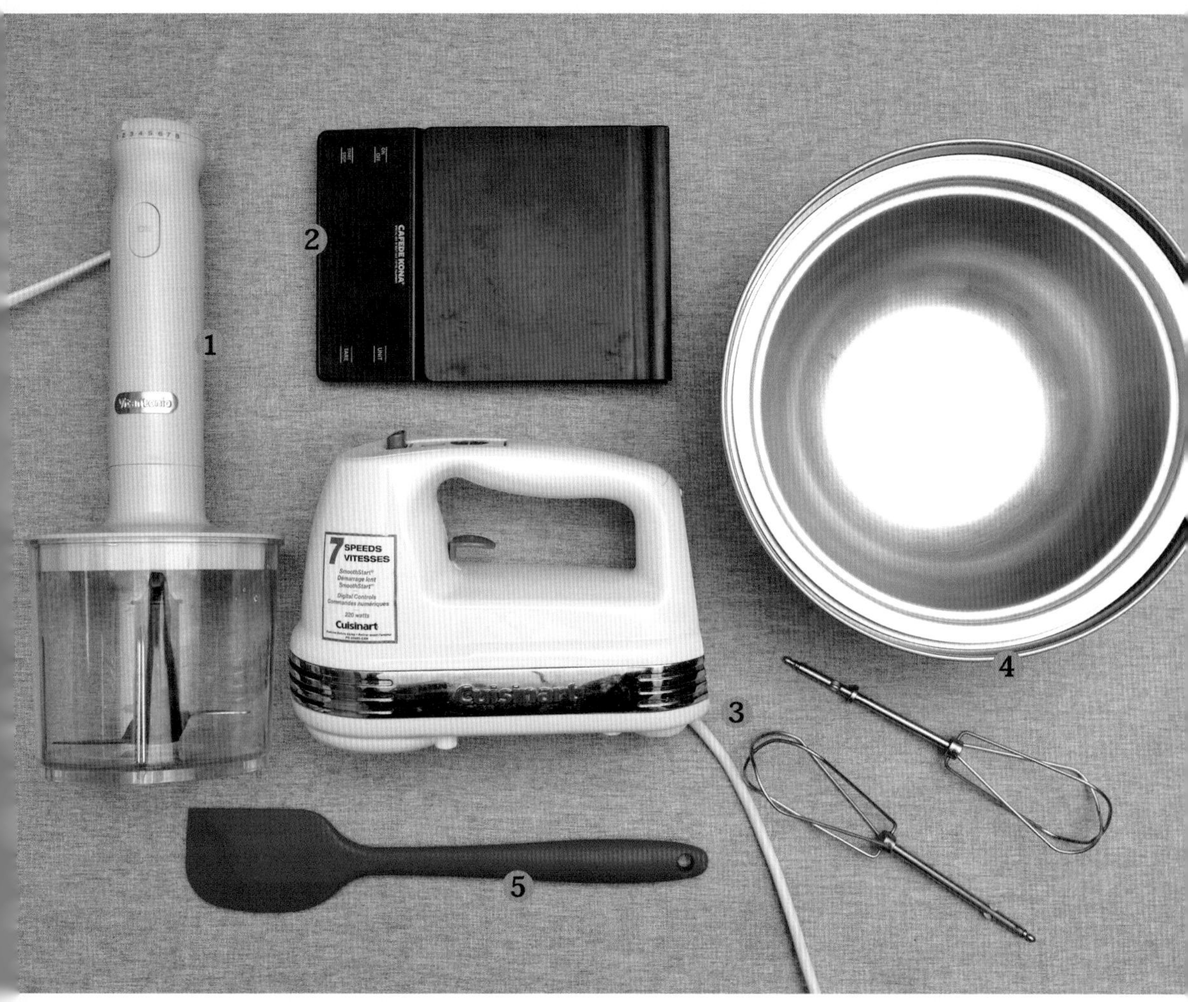


製作工具

❶ 食物調理機（或果汁機） 1台

❷ 電子秤 1台

❸ 電動打蛋器 1個

❹ 鋼盆 3個

❺ 橡皮刮刀 1個

# 經典香草慕斯

香草口味是所有甜點中最常見也最經典的，
也可以改為白蘭地，為慕斯增添一股酒香。

**材料** 1人份

牛奶 …… 100g
奶油乳酪 …… 50g
鮮奶油 …… 100g
香草精（白蘭地）…… 10g
赤藻糖醇（羅漢果糖）…… 20g
吉利丁片 …… 3g

**作法**

❶ 吉利丁片放置冰水中泡軟，建議一定要用冰水，夏天最好添加冰塊（參見圖ⓐ）。

❷ 將牛奶加入赤藻糖醇煮到60度，邊緣冒出白色泡泡後，再加入泡軟的吉利丁片（參見圖ⓑ），待其充分融化後，降溫至25度。

❸ 奶油乳酪軟化後，打到細緻呈現羽毛狀，加入步驟❷已降溫的牛奶後打勻（參見圖ⓒ），建議奶油乳酪於室溫放軟後再打會比較快。

❹ 鮮奶油打發，加入步驟❸已完成的奶油乳酪糊混合均勻，再加入香草精（參見圖ⓓ）。

❺ 倒入模型中，放入冰箱冷藏4小時以上。

建議加熱時使用溫度計，吉利丁片在超過45度的液體中就會融化，牛奶不要煮過頭。

NATURAL
Sweet
FRESH BAKED GOODS

# 酸甜優格慕斯

帶有酸甜香氣的優格非常適合用做慕斯的材料，
喜歡酸味的女生可以適量增加檸檬的份量，讓口感更加清爽。

**材料** 1人份

牛奶 …… 50g
優格（建議使用無糖優格）…… 100g
鮮奶油 …… 100g
香草精 …… 5g
檸檬汁 …… 15g
赤藻糖醇（羅漢果糖）…… 20g
吉利丁片 …… 3.5g

**作法**

❶ 吉利丁片放置冰水中泡軟。

❷ 將牛奶加入赤藻糖醇煮到50度，冒出白色泡泡後（參見圖ⓐ），再加入泡軟的吉利丁片，待其充分融化後，降溫至25度。

❸ 優格加入檸檬汁、香草精，再加入步驟❷處理過的牛奶攪拌均勻。

❹ 鮮奶油打發，和步驟❸攪拌好的優格牛奶糊混合均勻（參見圖ⓑ）。

❺ 倒入模型中，放入冰箱4小時以上（參見圖ⓒ）。

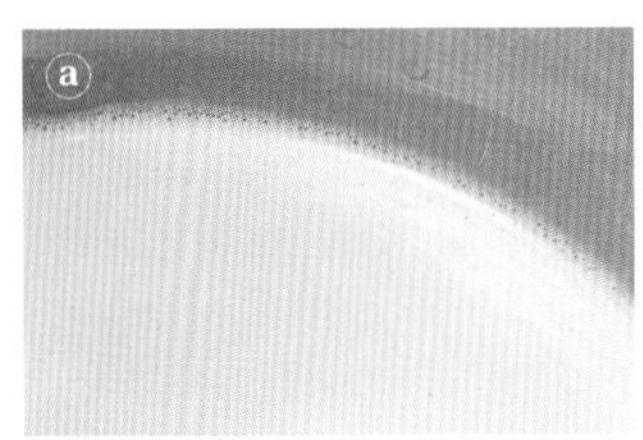
ⓐ

ⓑ

ⓒ

SWEET & LOVE
Sweet

# 濃醇芋香慕斯

芋頭與奶香是十分合拍的結合，可以做較多份量分裝冷凍保存，
喜歡綿密芋頭的朋友千萬不能錯過！

## 材料 1人份

鮮奶油 …… 100g
牛奶 …… 50g
芋泥 …… 100g
赤藻糖醇（羅漢果糖）…… 20g
吉利丁片 …… 2.5g

## 作法

1. 吉利丁片放置冰水中泡軟。
2. 將牛奶加入赤藻糖醇煮到50度，冒出白色泡泡後再加入泡軟的吉利丁片，待其充分融化後，降溫至25度。
3. 將處理過的芋泥加入步驟❷處理過的牛奶一起攪拌均勻（若用食物調理機處理會更綿密）。
4. 鮮奶油打發，和步驟❸攪拌好的芋泥牛奶糊混合均勻。
5. 倒入模型中，放入冰箱4小時以上。

## 芋泥這樣做

〔材料〕

芋頭 …… 200g
奶油 …… 20g
鮮奶油 …… 20g
赤藻糖醇（羅漢果糖）…… 15g
水（適量）…… 10～15g

〔作法〕

1. 芋頭去皮切片蒸熟（參見圖Ⓐ）。
2. 將蒸熟的芋頭、鮮奶油、赤藻糖醇、奶油放入食物調理機後，攪打成泥狀（參見圖Ⓑ、Ⓒ）。
3. 視狀況可添加少許水分調整濃度。

Ⓐ

Ⓑ

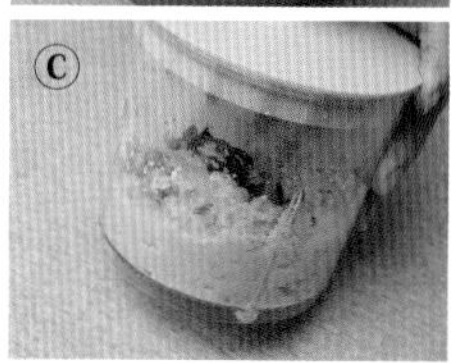
Ⓒ

# 細柔紅豆慕斯

紅豆帶一些沙沙的口感，但是跟鮮奶油結合後的紅豆慕斯，
吃起來的感覺，就像是更輕盈的「紅豆牛奶冰棒」，
入口即化的細緻口感，建議搭配一杯抹茶一同享用！

**材料** 1人份

鮮奶油 …… 100g
牛奶 …… 50g
紅豆泥 …… 100g
赤藻糖醇（羅漢果糖）…… 20g
吉利丁片 …… 2.5g

**作法**

1. 吉利丁片放置冰水中泡軟。
2. 將牛奶加入赤藻糖醇煮到50度，冒出白色泡泡後再加入泡軟的吉利丁片，待其充分融化後，降溫至25度。
3. 將處理過的紅豆泥加入步驟❷處理過的牛奶一起攪拌均勻（建議用食物調理機處理會更綿密）。
4. 鮮奶油打發，和步驟❸攪拌好的紅豆牛奶糊混合均勻。
5. 倒入模型中，放入冰箱4小時以上。

## 紅豆泥這樣做

〔材料〕

紅豆 …… 100g
水 …… 250g
赤藻糖醇（羅漢果糖）…… 30g
奶油 …… 30g

〔作法〕

1. 紅豆洗淨泡水（材料外）2小時，瀝乾後放入250g冷水加熱（參見圖Ⓐ），煮滾後轉小火續煮40至50分鐘，須確認紅豆已煮軟可以壓碎。
2. 加入赤藻糖醇、奶油（參見圖Ⓑ），用食物調理機攪打成泥狀，若太乾可適量加一些水（參見圖Ⓒ）。
3. 放入鍋中炒到水分收乾就完成了。

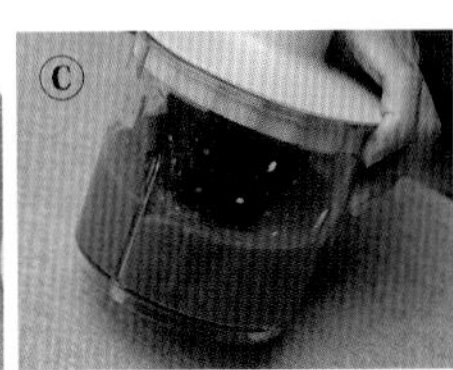

# 清甜檸檬慕斯

檸檬汁水分較多，因此可增加奶油乳酪提高成品的濃稠度以及綿密口感，
酸酸甜甜的滋味很適合夏天！

**材料** 1人份

牛奶 …… 60g
檸檬汁 …… 70g
奶油乳酪 …… 40g
鮮奶油 …… 100g
赤藻糖醇（羅漢果糖）…… 25g
吉利丁片 …… 3.5g

**作法**

1. 吉利丁片放置冰水中泡軟。
2. 將牛奶加入赤藻糖醇煮到50度，冒出白色泡泡後再加入泡軟的吉利丁片，待其充分融化後，降溫至25度。
3. 奶油乳酪放軟打成羽毛狀，加入檸檬汁，和步驟❷處理好的牛奶攪拌均勻。
4. 鮮奶油打發，和步驟❸攪拌後的奶油乳酪糊一起混合均勻。
5. 倒入模型中，放入冰箱4小時以上。

# 繽紛草莓慕斯

台灣的草莓色澤鮮艷又好吃，但不耐放、容易壓傷，再加上台灣草莓甜度高，因此做甜點時建議選用進口的冷凍草莓，不但甜度較低又可以有效控制醣類攝取，更不會受到草莓的生長季節影響。

**材料** 1人份

牛奶 …… 60g
進口冷凍草莓 …… 70g
優格 …… 40g
鮮奶油 …… 100g
檸檬汁 …… 10g
赤藻糖醇（羅漢果糖）…… 25g
吉利丁片 …… 3.5g

**作法**

1. 吉利丁片放置冰水中泡軟，另外將草莓打成泥備用。
2. 將牛奶加入赤藻糖醇煮到50度，冒出白色泡泡後再加入泡軟的吉利丁片，待其充分融化後，降溫至25度。
3. 優格加入草莓泥、檸檬汁，再和步驟❷處理好的牛奶攪拌均匀。
4. 鮮奶油打發，和步驟❸攪拌好的優格糊混合均匀。
5. 倒入模型中，放入冰箱4小時以上。

# 鮮甜藍莓慕斯

藍莓含有豐富的花青素，熱量低，也有豐富的膳食纖維，
只是甜度較高，所以製作時建議可以添加少量檸檬來平衡口感！

**材料** 1人份

牛奶 …… 60g
藍莓 …… 70g
奶油乳酪 …… 40g
鮮奶油 …… 100g
檸檬汁 …… 15g
赤藻糖醇（羅漢果糖）…… 10g
吉利丁片 …… 3.5g

**何謂「將奶油乳酪打成羽毛狀」？**

所謂的羽毛狀，又被稱為「乳霜狀」，意即將空氣打入奶油乳酪當中後，奶油乳酪邊緣呈現的細細綿絮狀態，因很像羽毛，又被稱為「羽毛狀」。

將奶油乳酪打入空氣，可以使後續的材料更容易混合，因此建議不要省略這步驟。

**作法**

1. 吉利丁片放置冰水中泡軟，另外將藍莓打成泥備用。
2. 將牛奶加入赤藻糖醇煮到50度，冒出白色泡泡後再加入泡軟的吉利丁片，待其充分融化後，降溫至25度。
3. 奶油乳酪放軟後打成羽毛狀，加入藍莓泥、檸檬汁，再和步驟❷處理好的牛奶攪拌均勻。
4. 鮮奶油打發，和步驟❸中攪拌好的奶油乳酪糊混合均勻。
5. 倒入模型中，放入冰箱4小時以上。

# 水果奶香慕斯

這一款慕斯沒有使用奶油乳酪，味道更為清爽，口感也夠細緻，像是奶酪的口感，享用時若想品嘗不同的口感和風味，可添加些水果，美觀又可口。

**材料** 1人份

牛奶 …… 100g
鮮奶油 …… 150g
白蘭地（香草精）…… 10g
赤藻糖醇（羅漢果糖）…… 20g
吉利丁片 …… 3.5g
百香果粒 …… 少許
草莓 …… 半顆

**作法**

1. 吉利丁片放置冰水中泡軟。
2. 將牛奶、鮮奶油加入白蘭地混合均勻。
3. 將步驟❷混合好的成品加入赤藻糖醇煮到50度，冒出白色泡泡後再加入泡軟的吉利丁片充分融化。
4. 倒入模型中，放入冰箱4小時以上。
5. 取出後，將百香果粒和草莓裝飾於其上。

# 清香碧螺春慕斯

茶香是很適合降低奶味的材料，台灣現在也有很好的茶粉技術，
加入各式各樣喜愛的茶粉，就能調配出不同的口味。

**材料** 1人份

牛奶 …… 125g
鮮奶油 …… 125g
清酒 …… 10g
碧螺春茶粉（可用各式口味茶粉替代）
…… 5g
赤藻糖醇（羅漢果糖）…… 20g
吉利丁片 …… 3.5g

**作法**

1. 吉利丁片放置冰水中泡軟。
2. 將牛奶、鮮奶油混合後加入碧螺春茶粉、清酒，用食物調理機打匀。
3. 將步驟❷混合好的成品加入赤藻糖醇煮到50度，冒出白色泡泡後再加入泡軟的吉利丁片充分融化。
4. 倒入模型中，放入冰箱4小時以上。

SWEET & LOVE
Sweet

# 濃韻炭焙烏龍慕斯

炭焙烏龍和奶油乳酪是很讓人驚喜的搭配，
溫潤中帶著優雅的香氣，入喉後回甘的茶香，你一定要試試！

**材料** 1人份

牛奶 …… 100g
鮮奶油 …… 100g
奶油乳酪 …… 50g
炭焙烏龍茶粉（可用各式口味茶粉替代）
…… 7g
赤藻糖醇（羅漢果糖）…… 20g
吉利丁片 …… 3.5g

**作法**

1. 吉利丁片放置冰水中泡軟。
2. 將牛奶、鮮奶油混合後加入炭焙烏龍茶粉，用果汁機打勻。
3. 將步驟❷混合好的成品加入赤藻糖醇煮到50度，冒出白色泡泡後再加入泡軟的吉利丁片，待其充分融化後，降溫至25度。
4. 奶油乳酪放軟打成羽毛狀，加入步驟❸的牛奶糊混合均勻。
5. 倒入模型中，放入冰箱4小時以上。

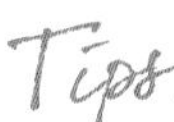

烏龍茶屬於青茶的一種，是將茶葉部分發酵後的成品，其中細分又可分為文山包種、高山烏龍、蜜香烏龍和鐵觀音等幾類。

- 文山包種：發酵程度較低，具有淡淡的花香，嘗起來清爽可口，非常適合製作成甜點享用。
- 高山烏龍：具有濃厚的甘醇香氣，入喉後會有回甘的感覺。
- 蜜香烏龍：具有天然的蜜果香，茶韻清爽甘醇，適合做成果凍類等清爽的甜點。
- 鐵觀音：發酵程度較高，茶味濃厚，入喉後會有強烈的回甘感，很適合搭配乳製品來製作點心。

# chapter 2 Jelly

# 羊羹、果凍

## 香濃軟Q的好滋味

相傳早期的羊羹是一種加入羊肉煮成的羹，以羊的膠質冷卻成凍後用來佐餐，因便於攜帶的特性而成為旅行的糧食。羊羹於鎌倉時代傳入日本，由於多數日本佛教僧侶為素食，清規戒律不許食葷，因此將羊羹演化成為以豆類製成的果凍形食品。之後羊羹成了茶道中著名茶點，日本人將羊羹發展和轉化，變成今天多款不同口味的羊羹。

羊羹初期是以豆類加上小麥粉混合蒸煮而成，後來演化成添加寒天（洋菜）製作，現在的羊羹會依照寒天使用的份量分成「煉羊羹」以及「水羊羹」兩種。

製作羊羹的豆類大概會有兩種，綠豆泥與紅豆泥，自製的豆泥可將使用的糖換成赤藻糖醇或是羅漢果糖，減醣的朋友可以適量攝取，但還是不宜大量食用！

除了羊羹外，如果不想要攝取豆泥，也可以製作成果凍，只要在口味基底上加上寒天，冰入冰箱後就可以製作出滑順口感的果凍，不但可以製作給孩子享用，熱量跟甜度也都比羊羹低，喜歡的大小朋友可以試試看～

## 製作工具

1. 電子秤 1個
2. 橡皮刮刀 1個
3. 濾網 1個
4. 鋼盆 2個

# 日式白玉水羊羹

運用綠豆泥來製作的白玉水羊羹，
口感綿密清涼消暑，是非常適合夏天的點心！

**材料** 1人份

綠豆泥 …… 350g
水 …… 550g
寒天（洋菜）…… 5g
赤藻糖醇（羅漢果糖）…… 30g

**作法**

1. 寒天加水熬煮到融化（參見圖ⓐ）。
2. 用濾網將融化的寒天水過濾，以去除雜質。
3. 將綠豆泥加入步驟❷的寒天水後混合均勻，再加入赤藻糖醇攪拌（參見圖ⓑ）。
4. 倒入模型中，放入冰箱冷藏2小時（參見圖ⓒ）。

## 綠豆泥這樣做

〔材料〕

綠豆仁 …… 300g
水 …… 400g
赤藻糖醇（羅漢果糖）…… 100g

〔作法〕

1. 綠豆仁加水蒸熟（也可以用電鍋蒸熟）。
2. 確認豆子已經熟透後，再悶10分鐘。
3. 取出後趁熱用刮刀將綠豆仁壓成泥狀，加入赤藻糖醇攪拌均勻。
4. 若是綠豆泥的水分過多，也可以放入鍋中稍微炒一下，將水收乾。

ⓐ

ⓑ

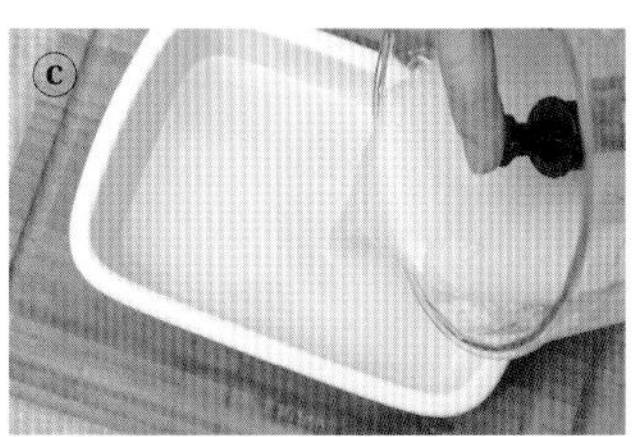
ⓒ

# 經典紅豆水羊羹

最經典的水羊羹，甜度較低、口感清爽，
搭配抹茶就是最經典的日本茶道吃法！

## 材料 1人份

紅豆泥 …… 350g
水 …… 550g
寒天（洋菜）…… 5g
赤藻糖醇（羅漢果糖）…… 30g

## 作法

1. 寒天加水熬煮到融化（參見圖ⓐ）。
2. 用濾網將融化的寒天水過濾，以去除雜質。
3. 將紅豆泥加入步驟❷的寒天水後混合均勻，再加入赤藻糖醇攪拌（參見圖ⓑ）。
4. 倒入模型中，放入冰箱2小時。

## 紅豆泥這樣做

〔材料〕

紅豆 …… 200g
水 …… 400g
赤藻糖醇（羅漢果糖）…… 80g

〔作法〕

1. 紅豆洗乾淨泡水（材料外）一夜。
2. 將水倒掉，加入400g的水蒸熟（約需50分鐘，也可以用電鍋蒸熟）。
3. 確認豆子熟透，將多餘的水倒掉。
4. 將紅豆以食物調理機打細，加入赤藻糖醇攪拌均勻，若是紅豆泥的水分過多，也可以放入鍋中稍微炒一下，將水收乾。

ⓐ

ⓑ

# 京都風味櫻花羊羹

每到櫻花季，日本的甜點店就會製作美美的櫻花羊羹，
用天然紅麴粉作成美美的粉紅色，加上一點鹽、鹽漬櫻花，
就是最適合春天的甜點。

**材料** 1人份

綠豆泥 …… 350g
水 …… 550g
寒天（洋菜）…… 5g
紅麴粉 …… 5g
鹽 …… 少許
赤藻糖醇（羅漢果糖）…… 30g

**作法**

1. 寒天加水熬煮到融化（參見圖ⓐ）。
2. 用濾網將融化的寒天水過濾，以去除雜質。
3. 將綠豆泥、紅麴粉和鹽加入步驟❷的寒天水後混合均勻，再加入赤藻糖醇攪拌。
4. 倒入模型中，放入冰箱2小時。

## 綠豆泥這樣做

〔材料〕

綠豆仁 …… 300g
水 …… 400g
赤藻糖醇（羅漢果糖）…… 100g

〔作法〕

1. 綠豆仁加水蒸熟（也可以用電鍋蒸熟）。
2. 確認豆子已經熟透後，再悶10分鐘。
3. 取出後趁熱用刮刀將綠豆仁壓成泥狀，加入赤藻糖醇攪拌均勻。
4. 若是綠豆泥的水分過多，也可以放入鍋中稍微炒一下，將水收乾。

# 香醇芋頭羊羹

芋頭控怎麼可以錯過使用芋頭甜點？
比起加了奶香的慕斯，羊羹輕盈的口感更無負擔，喜愛芋頭的你一定會喜歡！

**材料** 1人份

芋泥 …… 400g
水 …… 500g
寒天（洋菜）…… 5g
赤藻糖醇（羅漢果糖）…… 40g

ⓐ

ⓑ

**作法**

1. 寒天加水熬煮到融化（參見圖ⓐ）。
2. 用濾網將融化的寒天水過濾，以去除雜質。
3. 將芋泥、赤藻糖醇加入步驟❷的寒天水後混合均勻（參見圖ⓑ）。
4. 倒入模型中，放入冰箱2小時。

## 芋泥這樣做

〔材料〕

芋頭 …… 200g
水 …… 100g
赤藻糖醇（羅漢果糖）…… 80g

〔作法〕

1. 芋頭蒸熟（也可以用電鍋蒸熟）。
2. 確認芋頭已經熟透後，壓成泥狀，並加入水、赤藻糖醇攪拌均勻。

# 清新碧螺春綠茶羊羹

經典的綠茶羊羹也是日本茶道很常見的甜點，運用綠豆泥增加綿密的口感，
加上台灣產碧螺春茶粉，是一款帶著台灣茶香的點心！

**材料** 1人份

寒天（洋菜）…… 5g
水 …… 450g
赤藻糖醇（羅漢果糖）…… 100g
綠豆泥 …… 300g
A 碧螺春綠茶粉（可用各式口味茶粉替代）…… 6g
　熱水 …… 30g

**作法**

1. 將材料A的綠茶粉過篩後加熱水拌勻，再次過篩備用。
2. 鍋中放入寒天與水，煮至完全溶解。
3. 將赤藻糖醇加入步驟2的寒天水後，煮至溶解，加入綠豆泥拌勻。
4. 將羊羹液過篩後，隔水攪拌降溫至略顯濃稠（約45～50度）。
5. 倒入模具中靜置凝固。

## 綠豆泥這樣做

〔材料〕

綠豆仁 …… 300g
水 …… 400g
赤藻糖醇（羅漢果糖）…… 100g

〔作法〕

1. 綠豆仁加水蒸熟（也可以用電鍋蒸熟）。
2. 確認豆子已經熟透，再悶10分鐘。
3. 取出後趁熱用刮刀壓碎，將綠豆仁壓成泥狀，加入赤藻糖醇攪拌均勻。
4. 若是綠豆泥的水分過多，也可以放入鍋中稍微炒一下，將水收乾。

# 蜜香烏龍茶凍

減醣的朋友不適合吃太多豆泥，
因此運用各種茶品來做成茶凍，簡單快速又好吃！

**材料** 1人份

蜜香烏龍茶粉（可用各式茶粉替代）…… 15g
熱水 …… 500g
蜂蜜 …… 1大匙
赤藻糖醇（羅漢果糖）…… 30g
寒天（洋菜）…… 5g

**作法**

1. 蜜香烏龍茶粉加熱水，小火煮1分鐘半，過濾備用。
2. 加入寒天熬煮到融化，過濾備用。
3. 加入赤藻糖醇煮到融化，待稍涼後（約45度）加入蜂蜜攪拌均勻。
4. 倒入模型中，放入冰箱冷藏2小時。

# 大人味咖啡凍

簡易好做的咖啡凍，
只要擠上鮮奶油就是美味好吃的下午茶點心！

**材料** 1人份

即溶咖啡粉 …… 10g
水 …… 500g
赤藻糖醇（羅漢果糖）…… 50g
寒天（洋菜）…… 5g

**作法**

1. 水與寒天熬煮到融化，過濾備用。
2. 加入即溶咖啡粉、赤藻糖醇攪拌至徹底融化。
3. 倒入模型中，放入冰箱冷藏2小時。

NATURAL
Sweet
FRESH BAKED GOODS

# 養生杏仁奶凍

隨著植物奶風潮興起，杏仁奶成為了控制熱量的新選擇，
將杏仁奶做成奶凍，不但可以補充鈣質，熱量也比較低，是減醣小資女的福音！

**材料** 1人份

杏仁奶⋯⋯ 400g
水⋯⋯ 100g
寒天（洋菜）⋯⋯ 5g
赤藻糖醇（羅漢果糖）⋯⋯ 20g

**作法**

1. 水與寒天熬煮到融化，過濾備用。
2. 杏仁奶加熱到60度備用。
3. 將杏仁奶、寒天水和赤藻糖醇混合。
4. 倒入模型中，放入冰箱冷藏2小時。

*Tips*

杏仁奶是指由杏仁加工製成的飲品，因口感類似牛奶而被稱為杏仁奶，是近年來非常流行的植物奶的一種。因為杏仁屬於堅果類，攝取杏仁奶不但可以補充健康油脂，還可以補充鈣，只要適量攝取，對身體非常有幫助。

但市面上的杏仁奶通常會加入較多的砂糖調味，如果不想攝取那麼多醣分，建議自行購買杏仁加工，但要注意請購買扁桃仁（Almond），不然做出來的味道會跟市售品相差很多喔～

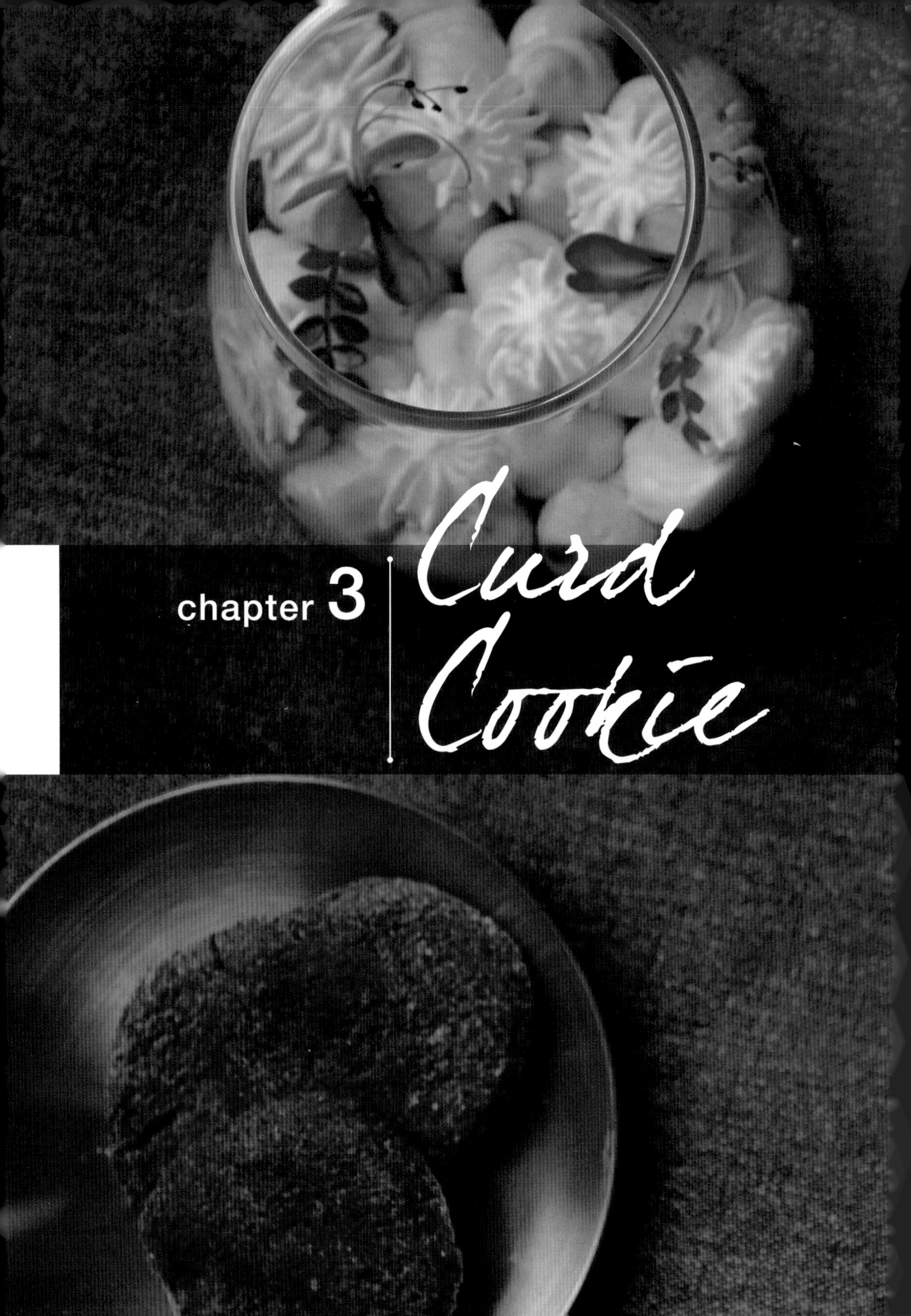

# chapter 3 Curd Cookie

# 凝乳、餅乾

濃郁順口與香脆可口的碰撞

檸檬凝乳（lemon curd）這名稱或許你感覺很陌生，這其實就是大家喜愛的檸檬塔的內餡，檸檬凝乳帶有芬芳的果香、清爽的果酸，同時具有蛋黃、奶油帶來的滑順濃郁。不僅能做為塔餡填充，也能直接當抹醬，也方便保存。是相當受歡迎的經典甜品。

飲食作家勞拉・梅森（Laura Mason）及凱瑟琳・布朗（Catherine Brown）於2006年出版的《英國的口味》（*The Taste of Britain*）中說：「檸檬凝乳應該是18世紀出現的，當時的飲食作家伊麗莎白・拉法德（Elizabeth Raffald）以奶油、糖、蛋和肉豆蔻做成的半透明布丁（transparent pudding），可說是檸檬蛋黃醬的前身。推測當時會把這些食材混合再分裝保存或販售，是維多利亞時代晚期工業化下的產物。」

大部分的檸檬凝乳配方都會添加奶油來增添風味，不過也有人堅持傳統做法，只用檸檬汁、蛋黃和糖製作。這樣製作出來的檸檬凝乳口感偏向凝膠狀的質地。也有人會把奶油換成重乳脂鮮奶油（double cream），鮮奶油比奶油甜，讓檸檬的酸香較不突出，很適合抹在蛋糕中。

我書中介紹兩款凝乳都是沿用甜點大師皮埃爾・艾爾梅（Pierre Herme）的作法，在奶油溫度較低時加入蛋糊中並以均質機混合，創造出絲滑柔順的質地。因此特別提醒大家奶油不要退冰過度，攪打時花一點耐性，就可以做出質地光滑亮澤的美味檸檬凝乳唷！

## 製作工具

1. 厚底的鍋子（不沾鍋亦可）1個
2. 鋼盆 1個
3. 均質機 1台
4. 橡皮刮刀 1個

# 酸甜檸檬凝乳

檸檬凝乳是最常見的凝乳口味，
加入檸檬汁後，一入口不但可以品嘗到檸檬特有的酸甜香味，
又可以中和奶油的甜味，不論是作為蛋糕裝飾或夾層都非常適合！

**材料** 1人份

蛋 …… 120g（約半顆）
檸檬汁 …… 60g
檸檬皮屑 …… 1顆（可省略）
赤藻糖醇（羅漢果糖）…… 70g
奶油 …… 160g
吉利丁片 …… 2.5g

**作法**

1. 將蛋打勻。
2. 吉利丁片放入冰水中泡軟。
3. 檸檬汁、蛋、檸檬皮屑、赤藻糖醇放入厚鍋中，攪拌均勻（參見圖ⓐ）。
4. 放在爐上以中小火加熱到82度，邊煮邊用橡皮刮刀攪拌，量少時一定要用很小的火，建議使用受熱均勻的厚底鍋（參見圖ⓑ）。
5. 加入吉利丁片，放涼到攝氏30度（參見圖ⓒ）。
6. 奶油切成小丁，加入步驟❺降溫後的奶糊中，用均質機打到呈現光澤。
7. 灌入擠花袋中或放入罐子中保存。

*Tips*

奶油需放置於室內退冰，直到手指按壓會出現凹痕即可，不能太軟，

# 清香百香果凝乳

炎熱的夏日，最適合搭配夏季盛產的百香果甜點了，
這款百香果凝乳加入了百香果籽，入口後百香果的酸甜感，
讓你彷彿置身在海洋離島，充滿了夏日風情！

**材料** 1人份

蛋 …… 120g（約半顆）
百香果汁 …… 60g
百香果籽 …… 20g
赤藻糖醇（羅漢果糖）…… 70g
奶油 …… 160g
吉利丁片 …… 2.5g

**作法**

1. 吉利丁片放入冰水中泡軟。
2. 蛋、百香果汁、赤藻糖醇放入厚鍋中，攪拌均勻。
3. 放在爐上以中小火加熱到82度，邊煮邊用橡皮刮刀攪拌。
4. 加入吉利丁片，放涼到攝氏30度。
5. 奶油切成小丁，放入步驟❸降溫後的奶糊中，用均質機打到有光澤。
6. 拌入百香果籽。
7. 灌入擠花袋中或放入罐子中保存。

*Tips*

台灣是百香果的產地，每到夏季，中南部的百香果種植園區紛紛結果，其中7月到10月的百香果品質最佳，建議在產季時可以多做百香果口味的甜點，可以品嘗到最美好的滋味。

製作百香果甜點時，選用的百香果建議使用酸度較高的台農一號，不但百香果風味濃郁，百香果籽的酸度也較高。減醣的朋友建議不要使用甜度較高的滿天星或黃金百香果來製作，會不小心攝取太多果糖喔～

法式甜點中，時常會以杏仁粉或榛果粉替代部分麵粉來製作餅乾，杏仁粉的香氣以及油脂可以提升餅乾的質感與細緻度，但若完全用杏仁粉來替代，就材料學來看會缺少了麵粉的筋性，因此麵團十分鬆散不容易成形。

早期國外有很多食譜會添加洋車前子粉來製作，不過我個人非常不喜歡洋車前子粉的味道，因此還是以杏仁粉製作，但一般只能在冬天製作，因為氣溫較低時奶油較為凝固，操作起來相對比較容易。但真的太多粉絲無法製作成功而覺得很沮喪，不斷地發訊息來求救，因此我花了一點時間尋找可以替代的食材，我曾經添加過健身在喝的蛋白粉，效果可以但口感稍嫌扎實。

在開始製作麵包之後，我突然想到小麥蛋白粉或許可以是一個選項，因此添加少許的小麥蛋白粉來增加筋性，試了幾次比例之後，我找到不會過於扎實又好操作的比例！餅乾的製作十分簡單，若是有攪拌機或是食物調理機，很快可以成團。將麵糰捏成型後切片就能烤焙，是減醣甜點新手入門絕對要試試看的選擇！

除了原味的餅乾，建議大家也可以添加可可粉或茶粉增添風味、變化口感！

以往大家只知道利用抹茶，但好品質的日本抹茶的價格偏高，下手時難免心疼～因緣際會透過「蘿瑞娜」認識了覓幸茶旅，除了優質的好茶，還有各式利用新技術製成的台灣茶粉，從碧螺春到炭焙烏龍，從阿薩姆到蜜香紅茶，純正的台灣味好味道用最貼心的價格提供給大家，添加在甜點裡除了可以降低甜膩感，還可以提升甜點的質感與層次！

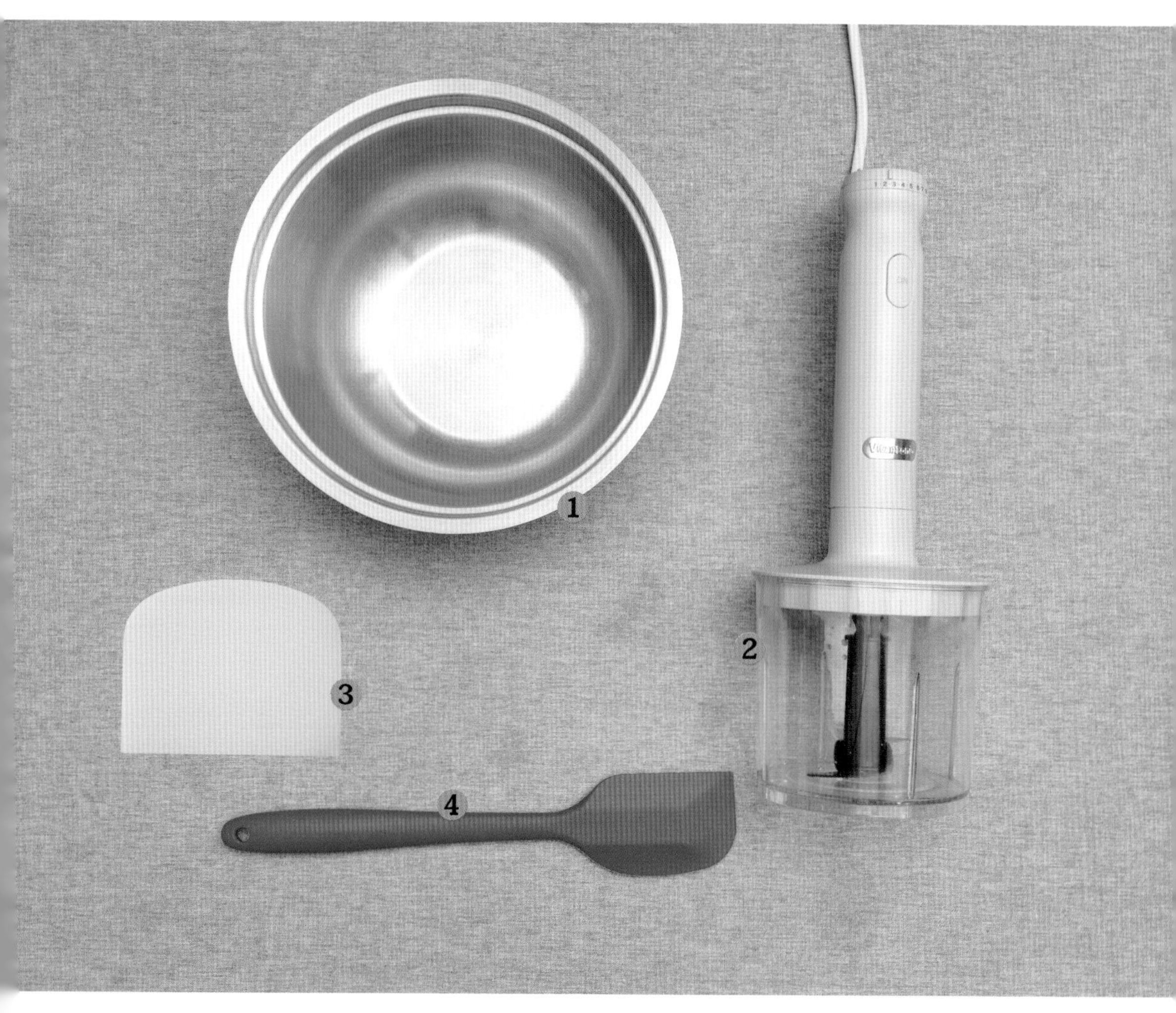


**製作工具**

❶ 鋼盆 1個

❷ 食物調理機（或果汁機）1台

❸ 刮板 1個

❹ 橡皮刮刀 1個

# 原味榛果餅乾

減醣餅乾為了降低醣類攝取，用榛果粉取代了麵粉，
讓這款原味餅乾不但保有了酥脆口感，又加上了堅果特有的香氣，
甚至可以達到攝取優質油脂的目標，讓你多個願望一次滿足！

**材料** 1人份

奶油 …… 50g
赤藻糖醇（羅漢果糖）…… 5g
全蛋液 …… 30g
烘焙用榛果粉（杏仁粉）…… 150g
小麥蛋白粉 …… 20g

**作法**

1. 奶油加入赤藻糖醇打到呈現羽毛狀，加入全蛋液打到全部融合。（參見圖ⓐ、ⓑ）
2. 加入榛果粉、小麥蛋白粉攪拌均勻，用刮刀整形成圓柱狀。
3. 放入冷凍庫靜置1小時，取出切片。
4. 200度烘烤16分鐘。

ⓐ

ⓑ

# 香濃巧克力餅乾

餅乾界最熱門的單品，自然非巧克力餅乾莫屬了，將以堅果為基底的麵團，加入甜蜜的可可粉，一口咬下，香氣撲鼻的幸福感，你一定要試試看～

**材料** 1人份

奶油 …… 50g
赤藻糖醇（羅漢果糖）…… 5g
全蛋液 …… 30g
烘焙用榛果粉（杏仁粉）…… 140g
可可粉 …… 20g
小麥蛋白粉 …… 20g

**作法**

1. 將奶油加入赤藻糖醇打到呈現羽毛狀，加入全蛋液打到全部融合。
2. 加入榛果粉、小麥蛋白粉、可可粉攪拌均勻，用刮刀整形成圓柱狀。
3. 放入冷凍庫靜置1小時，取出切片。
4. 200度烘烤16分鐘。

# 大人味蜜香紅茶餅乾

紅茶的甜度較低，加入到餅乾麵團裡，讓餅乾充滿了茶香，
不但不膩口，還會不小心一片接著一片，因此製作這份餅乾時要注意，不要做太多喔！

**材料** 1人份

奶油 …… 50g
赤藻糖醇（羅漢果糖）…… 5g
全蛋液 …… 30g
烘焙用榛果粉（杏仁粉）…… 140g
蜜香紅茶粉（可用各式茶粉替代）…… 20g
小麥蛋白粉 …… 20g

**作法**

1. 奶油加入赤藻糖醇打到呈現羽毛狀，加入全蛋液打到全部融合。
2. 加入榛果粉、小麥蛋白粉、蜜香紅茶粉攪拌均勻，用刮刀整形成圓柱狀。
3. 放入冷凍庫靜置1小時，取出切片。
4. 200度烘烤16分鐘。

# chapter 4 Drawn E

# 乳酪醬

濃稠厚實的奶香味

乳酪醬是一款我很喜歡的甜點，利用奶油乳酪本身細緻濃密的質地，加入鮮奶油調製出輕盈的口感，可以裝罐當成抹醬，也可以搭配蛋糕、餅乾做成好吃的一種甜點。

製作這款甜點的原因是一場偶然。一開始我其實是要做最近很火紅、被稱為第五種起司蛋糕的醬糜起司蛋糕（Cheese Terrine），此款起司蛋糕運用了大量鮮奶油、奶油乳酪製作，再經過低溫長時間烘烤，讓其口感介於生乳酪與紐約起司蛋糕之間。

因著歐巴桑節儉的個性，在烤焙之前我嚐了還沒烤製的乳酪糊，發現其實非常好吃！拿來作為蛋糕的夾餡或是單吃應該都很美味！不單如此還能夠做出各種變化，可以添加紅豆、芋頭，或加入茶粉、可可粉，甚至是加入紅椒粉做出鹹鹹甜甜的口感都很棒。

建議大家也可以嘗試利用不同的乳酪，例如：馬斯卡彭起司（Mascarpone）或是白乳酪，做出更加輕盈爽口的乳酪醬。

乳酪醬製作的難度不高，只要鮮奶油打發，然後攪拌時盡可能手法輕柔就能成功。由於是盛裝在杯子裡享用，也不用考慮成形的問題！撒上餅乾、蛋糕都是很棒的搭配唷！

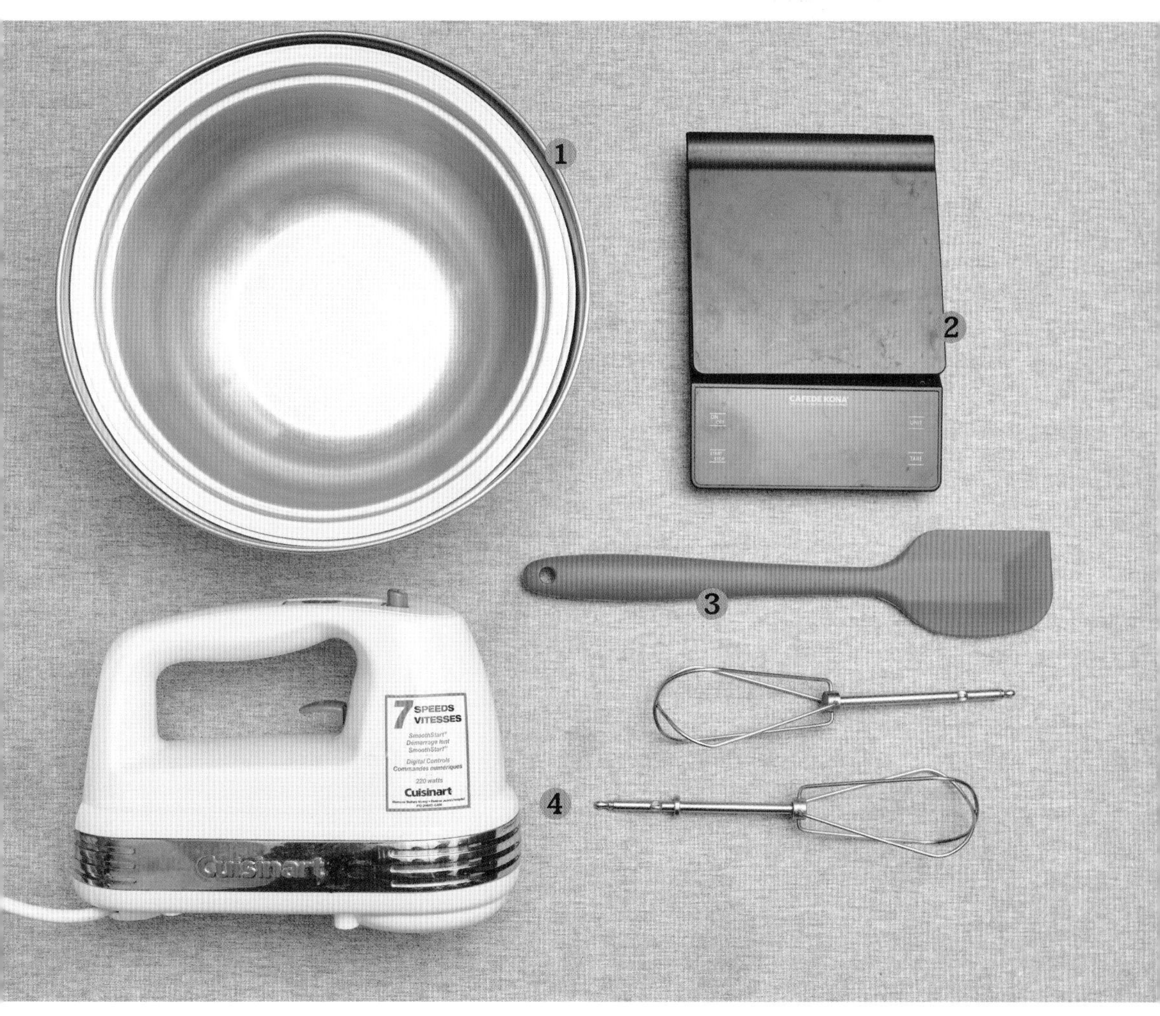


## 製作工具

1. 鋼盆 3個
2. 電子秤 1台
3. 橡皮刮刀 1個
4. 電動打蛋器 1台

Enjoy

# 經典香草乳酪醬

在乳酪醬的基底上加入香草酒，不但可去除奶油乳酪特有的奶腥味，
又可以讓乳酪醬更有層次，製作出香甜滑順的乳酪醬，
不論是單吃或是搭配餅乾、蛋糕都是絕配！

**材料** 1人份

蛋黃 …… 2顆
奶油乳酪 …… 250g
赤藻糖醇（羅漢果糖）…… 15g
鮮奶油 …… 100g
香草酒 …… 10g

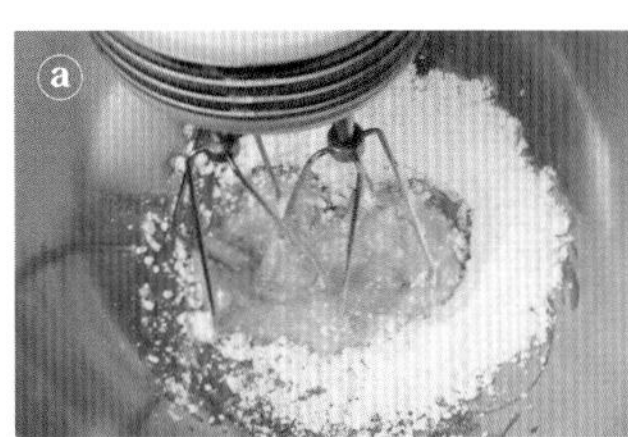
ⓐ

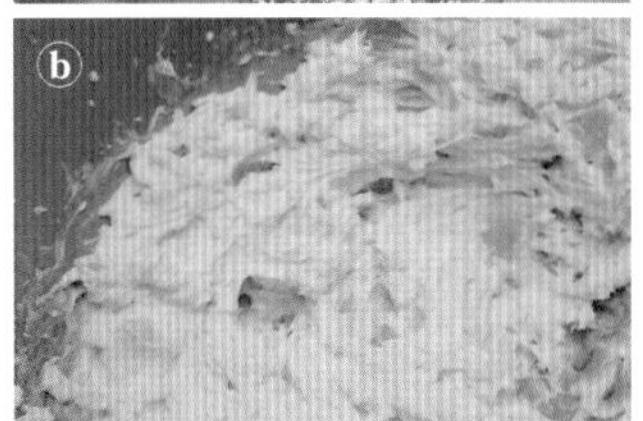
ⓑ

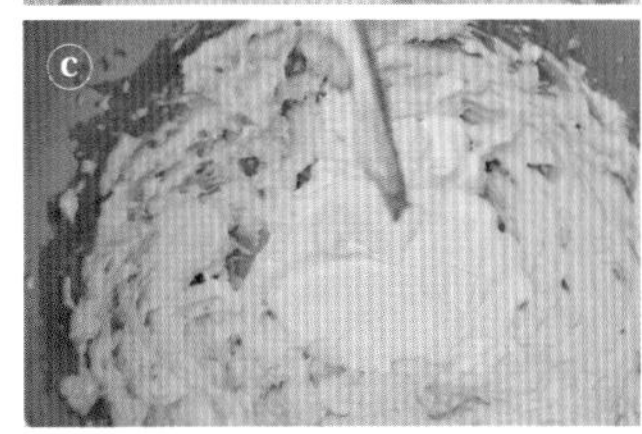
ⓒ

**作法**

1. 蛋黃加赤藻糖醇、香草酒，隔溫水攪拌均勻（參見圖ⓐ）。
2. 加入已經退冰的奶油乳酪，打到呈羽毛狀（參見圖ⓑ）。
3. 鮮奶油打發，與步驟❷的奶油乳酪糊攪拌均勻即可（參見圖ⓒ）。

# 濃郁巧克力乳酪醬

乳酪醬怎麼可以少了最經典的巧克力風味？
利用可可粉做出不膩口的巧克力乳酪醬，與其他巧克力甜點組合在一起，
創造出豐富巧克力層次的口感！

**材料** 1人份

蛋黃 …… 2顆
奶油乳酪 …… 250g
赤藻糖醇（羅漢果糖）…… 20g
可可粉 …… 10g
牛奶 …… 20g
鮮奶油 …… 100g

**作法**

1. 蛋黃加赤藻糖醇，隔溫水攪拌均匀。
2. 加入牛奶攪拌均匀，再加入可可粉攪拌均匀。
3. 加入已經退冰的奶油乳酪，打到呈羽毛狀。
4. 鮮奶油打發，與步驟❸的奶油乳酪糊攪拌均匀即可。

Tips

將烘焙過後的可可豆磨成粉製成可可糊，經過分解分離出可可脂，將剩下的原粉曬乾、磨成粉末，就成為百分百的純可可粉（Natural Cacao Power）。純可可粉為紅褐色，味道略帶酸苦，油脂較少，也不溶於水，適合來做點心。

可可粉含有大量纖維，少量油脂，也是很適合減醣朋友的食材。

NATURAL
Sweet
FRESH BAKED GOODS

# 香甜碧螺春綠茶乳酪醬

綠茶清香的風味十分解膩，若是喜歡綠茶風味的朋友還可以將綠茶粉灑在乳酪醬上，讓口感更加豐富！

**材料** 1人份

蛋黃 …… 2顆
奶油乳酪 …… 280g
赤藻糖醇（羅漢果糖）…… 15g
鮮奶油 …… 100g
A 碧螺春綠茶粉（或用各式茶粉替代）…… 5g
熱水 …… 30g

**作法**

1. 將材料A碧螺春綠茶粉過篩後加熱水拌勻，再次過篩備用。
2. 蛋黃加赤藻糖醇，隔溫水攪拌均勻。
3. 加入已經退冰的奶油乳酪，打到呈羽毛狀，加入步驟❶的茶湯攪拌均勻。
4. 鮮奶油打發，與步驟❸的奶油乳酪糊攪拌均勻即可。

# 清爽檸檬乳酪醬

想讓乳酪醬更加清爽，檸檬口味絕對是最好的選擇！
將檸檬乳酪醬和餅乾配，就能創作出一款讓人口感為之驚豔的檸檬甜點！

**材料** 1人份

蛋黃 …… 2顆
奶油乳酪 …… 300g
赤藻糖醇（羅漢果糖）…… 10g
檸檬汁 …… 45g
鮮奶油 …… 100g

**作法**

1. 蛋黃加赤藻糖醇，隔溫水攪拌均勻。
2. 加入已經退冰的奶油乳酪，打到呈羽毛狀。
3. 加入檸檬汁攪拌均勻。
4. 鮮奶油打發，與步驟❸的奶油乳酪糊攪拌均勻即可。

NATURAL
Sweet
FRESH BAKED GOODS

# 酒香白蘭地乳酪醬

有酒香的乳酪醬在甜點裡具有畫龍點睛的效果，可以讓你的甜點更添風采！
你可以選擇自己喜歡的高濃度酒品來替代白蘭地，搭配不同食材創造出迷人的風味。

**材料** 1人份

蛋黃 …… 2顆
奶油乳酪 …… 280g
赤藻糖醇（羅漢果糖）…… 15g
白蘭地 …… 40g
鮮奶油 …… 100g

**作法**

1. 蛋黃加赤藻糖醇，隔熱水攪拌均勻，再加入白蘭地攪拌均勻。
2. 加入已經退冰的奶油乳酪，打到呈羽毛狀。
3. 鮮奶油打發，與步驟❷的奶油乳酪糊攪拌均勻即可。

不少法式甜點會加入飲用酒，可以增加甜點的層次，又可以降低甜點的甜味。雖然這款選用酒精濃度較高的白蘭地，但若是不喜歡白蘭地的朋友，也可更換成以下酒類：

- 君度澄酒：加入橘皮釀製的酒類，帶有清香的橘子味，但酒精濃度通常較高。
- 咖啡香甜酒：使用咖啡豆釀製的酒類，因此充滿了咖啡香，但相對的甜度也較高，使用時需適量增加。
- 威士忌：使用小麥釀製的正統酒類，但是少數經過加工後不會失去酒香的高純度小麥酒，但因為酒精濃度高，要記得不要加太多，不然會醉～

# 鹹甜辣椒乳酪醬

甜甜辣辣、帶一點鹹味的乳酪醬，也可以做成下午茶點享用！
這一款乳酪醬還可以直接當抹醬來使用，是我常備在冰箱的美味醬料！

**材料** 1人份

蛋黃 …… 2顆
奶油乳酪 …… 250g
赤藻糖醇（羅漢果糖）…… 10g
鹽 …… 適量
西班牙煙燻紅椒粉 …… 20g
鮮奶油 …… 100g

**作法**

1. 蛋黃加赤藻糖醇，隔溫水攪拌均勻。
2. 加入西班牙煙燻紅椒粉、鹽攪拌均勻。
3. 加入已經退冰的奶油乳酪，打到呈羽毛狀。
4. 鮮奶油打發，與步驟❸的奶油乳酪糊攪拌均勻即可。

*Tips*

煙燻紅椒粉是將成熟的紅辣椒煙燻後，再乾燥磨成細粉的一種調味料，時常出現在西班牙料理，不但香氣十足，辣味也會多了一種層次感，是讓料理升級的一種香料。

製作辣味或鹹味的甜點時，我會建議要以平常就會使用的調味料為主製作，尤其是辣味甜點，很容易一不小心加太多，結果味道不如預期，或是太辣，這樣反而得不償失喔～

chapter 5
Sweet
Cake

# 蛋糕

鬆軟香綿的好選擇

很多減醣的朋友都會很想念甜點，尤其是鬆軟的蛋糕！帶著濃濃蛋香，香香甜甜，像棉花糖一般入口即化的綿密，是會讓人開心的享受！

我試過很多款蛋糕體，早期用杏仁粉製作，但感覺口感還是稍粗。之後用鳥越低醣麵粉製作，口感細緻但太多人跟我反應真的太難買！直到我嘗試著用奶油乳酪來製作，口感輕盈綿密濕潤，蛋香奶香濃郁，接近輕乳酪蛋糕的口感。

雖然製作蛋糕的步驟和要注意的細節較多，但只要可以成功做出蛋糕，甜點的變化度也就豐富了許多，可以把蛋糕切片抹上乳酪醬、凝乳，也可以做成可愛的杯子蛋糕再擠上鮮奶油裝飾。

但還是要注意的是，雖然這款蛋糕減少了醣類，但減醣的朋友平常還是要少量攝取，可以把吃甜食的機會控制在特殊節日或假日，這樣就可以避免攝取太多醣分哦。

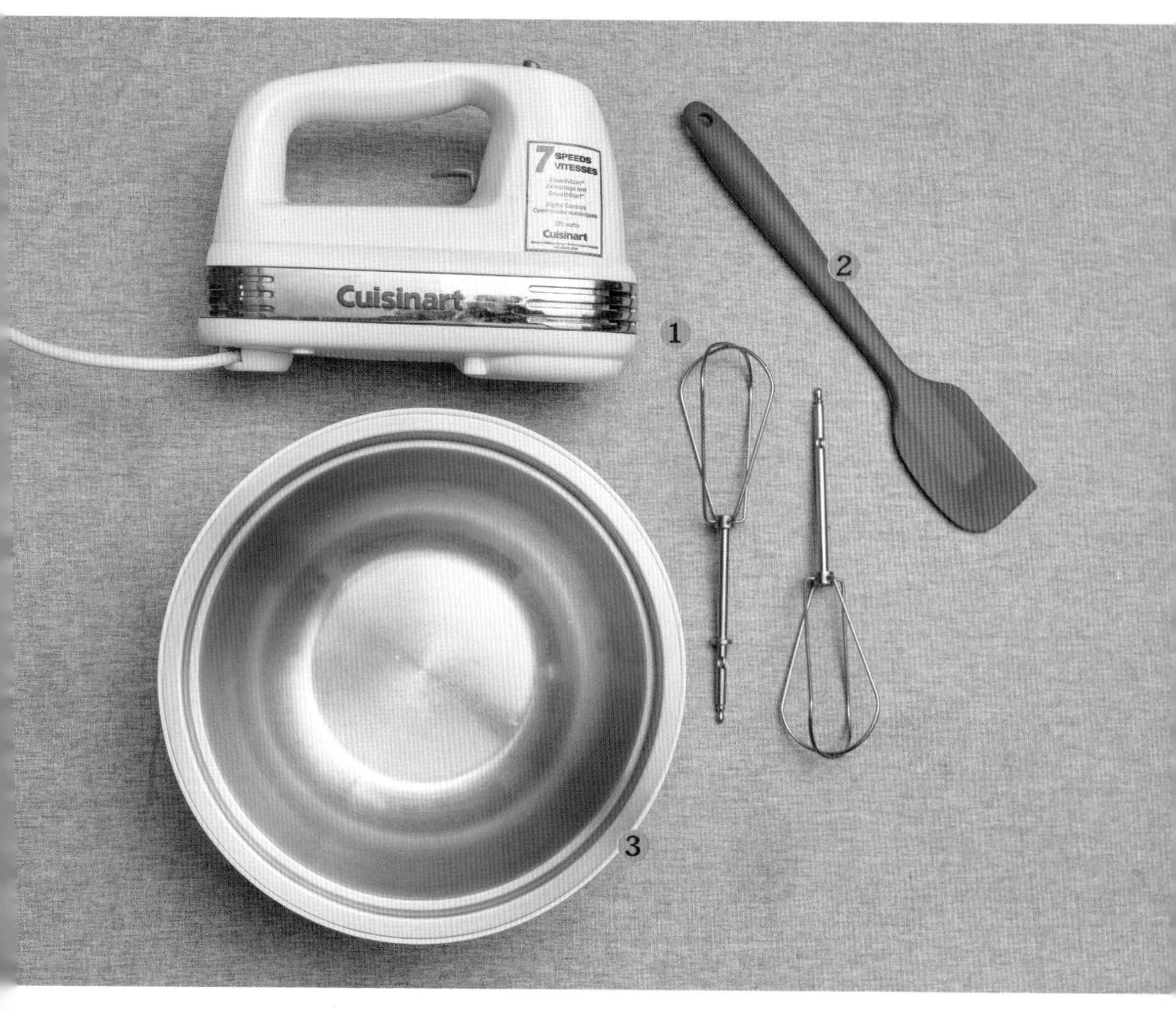


製作工具

1. 電動打蛋器 1台
2. 橡皮刮刀 1個
3. 鋼盆 2個

# 經典香草蛋糕

蛋糕的首選，當然是經典的香草風味，香草的清香搭配水果的甜蜜，
再佐上蛋糕鬆軟的口感，每口都是濃郁的蛋奶香，讓人怎樣都吃不膩。

**材料** 1人份

蛋白 …… 5顆
蛋黃 …… 4顆
奶油乳酪 …… 180g
赤藻糖醇（羅漢果糖）…… 30g
香草酒 …… 5g

**作法**

1. 奶油乳酪加入蛋黃打到細緻發白，再加入香草酒打勻（參見圖ⓐ）。
2. 蛋白打30秒發泡後，再加入赤藻糖醇繼續打發至尖端立起且不垂下（參見圖ⓑ）。
3. 分3次將蛋白加入步驟❶的蛋黃糊中翻拌均勻，放入烤盤抹刀抹平（參見圖ⓒ、ⓓ）。
4. 放入烤箱150度烤30分鐘、120度烤10分鐘。

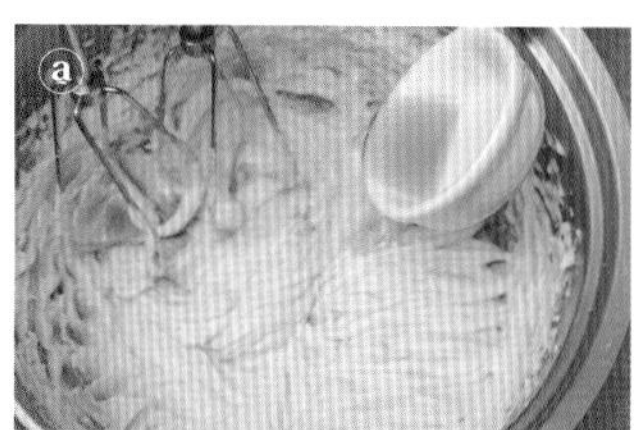
ⓐ

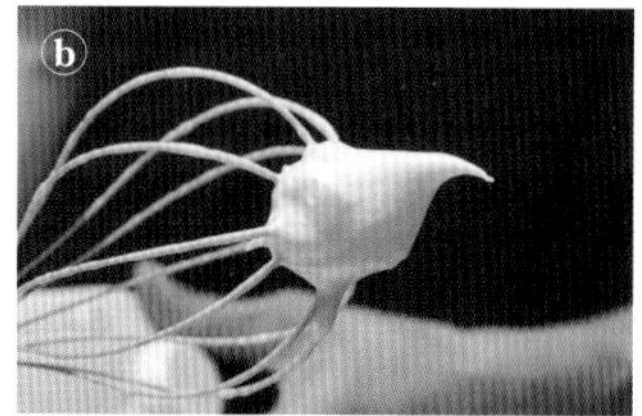
ⓑ

ⓒ

ⓓ

# 清香碧螺春綠茶蛋糕

這款蛋糕充滿了清香的茶味，中和了蛋糕本身的甜味，
即便是不熱愛西式甜點的大朋友也會一口愛上的甜蜜滋味，
熱愛茶點的你絕對不能錯過！

**材料** 1人份

蛋白 …… 5顆
蛋黃 …… 5顆
奶油乳酪 …… 180g
赤藻糖醇（羅漢果糖）…… 40g
碧螺春茶粉（可用各式口味茶粉替代）…… 10g

**作法**

❶ 奶油乳酪打到細緻，再加入蛋黃、碧螺春綠茶粉打勻。

❷ 蛋白打30秒發泡後，再加入赤藻糖醇繼續打發至尖端立起且不垂下。

❸ 分3次將蛋白加入步驟❶的蛋黃糊中翻拌均勻，放入烤盤抹刀抹平。

❹ 放入烤箱150度烤30分鐘、120度烤10分鐘。

**為何要將蛋白打發30秒後才加入糖類？**

將蛋白打發是製作甜點時常使用的一種技巧，蛋白之所以可以在灌入空氣後不會立即消泡，正是因為糖類提供了蛋白支撐，因此打發蛋白時通常會加入糖類。

尤其是赤藻糖醇和羅漢果糖的支撐度不如一般糖類好，如果一開始就把蛋白跟糖類混合，反而會使蛋白的密度改變，空氣就無法灌入蛋白之中。因此要打發蛋白時，切記要先將蛋白打到一點點發泡，讓蛋白初步吸收空氣，之後再加入糖類就可以輕鬆打發蛋白。

Happy
Birthday

# 甜蜜巧克力蛋糕

說到甜點，怎麼可以錯過粉絲最多的巧克力蛋糕！
巧克力的濃郁，搭配鮮奶油帶來的奶香，在嘴中化開的感覺，口口都是幸福的滋味！

**材料** 1人份

蛋白 …… 5顆
蛋黃 …… 5顆
奶油乳酪 …… 180g
赤藻糖醇（羅漢果糖）…… 35g
可可粉 …… 15g

**作法**

1. 奶油乳酪打到細緻，再加入蛋黃、可可粉打勻。
2. 蛋白打30秒發泡後，再加入赤藻糖醇繼續打發至尖端立起且不垂下。
3. 分3次將蛋白加入步驟❶的蛋黃糊中翻拌均勻，放入烤盤抹刀抹平。
4. 放入烤箱150度烤30分鐘、120度烤10分鐘。

Tips

製作甜點時所使用的可可粉，跟一般我們拿來泡熱可可所使用的粉類並不相同。

烘焙用可可粉油脂較低、具有些微的酸味和濃厚的可可味，並不適合直接泡開飲用。而泡熱可可所使用的可可粉，為了讓口感滑順，會保留可可豆濃厚的油脂，並會額外加入糖粉，讓味道更好喝。

因此，若要製作巧克力口味的甜點，建議還是跑一趟烘焙材料行，購買烘焙用的可可粉，製作出來的甜點味道會更濃厚喔。

# 養生芝麻蛋糕

芝麻具有非常豐富的營養，不但可以促進代謝，更有助於脂肪的形成。
這款加入芝麻的蛋糕，不但甜度較低，又健康養身，
是正在減醣的你絕不能錯過的甜點選擇！

**材料** 1人份

蛋白 …… 5顆
蛋黃 …… 5顆
奶油乳酪 …… 160g
赤藻糖醇（羅漢果糖）…… 35g
芝麻粉 …… 50g

**作法**

1. 奶油乳酪打到細緻，再加入蛋黃、芝麻粉打勻。
2. 蛋白打30秒發泡後，再加入赤藻糖醇繼續打發至尖端立起且不垂下。
3. 分3次將蛋白加入步驟❶的蛋黃糊中翻拌均勻，放入烤盤抹刀抹平。
4. 放入烤箱150度烤30分鐘、120度烤10分鐘。

Tips

製作芝麻甜點通常會使用黑芝麻，因為香氣較濃郁，加工後也比較不會失去原本芝麻的香味。

但在製作芝麻甜點時，建議使用無糖的芝麻粉而不是芝麻醬，因為市售的芝麻醬會加入其他油脂跟糖，很容易不小心攝取過多醣份喔。

Sweet

SWEET & LOVE
Sweet

# 紅豆相思蛋糕

自古以來紅豆代表著思念，蛋糕中粒粒分明的紅豆，
讓你每口都可以品嘗到蛋糕的鬆軟與紅豆的綿密。
這款蛋糕很適合當節慶的送禮，只要送出這款蛋糕，想必對方也能感受到妳的思念。

**材料** 1人份

蛋白 …… 5顆
蛋黃 …… 5顆
奶油乳酪 …… 180g
赤藻糖醇（羅漢果糖）…… 30g
蒸熟的紅豆粒 …… 40g

**作法**

1. 奶油乳酪打到細緻，加入蛋黃打勻。
2. 蛋白打30秒發泡後，再加入赤藻糖醇繼續打發至尖端立起且不垂下。
3. 分3次將蛋白加入步驟❶的蛋黃糊中翻拌均勻，加入蒸熟的紅豆粒拌勻，放入烤盤抹刀抹平。
4. 放入烤箱150度烤30分鐘、120度烤10分鐘。

*Tips*

市售的紅豆甜點通常會使用蜜紅豆製作，因為蜜紅豆的甜度較高、風味較佳，加入甜點後可以讓甜點的層次更上一層樓。然而蜜紅豆是使用紅豆粒加上砂糖製作而成，甜度非常高，雖然很好吃但不宜攝取太多。

因此這份食譜使用蒸熟的紅豆粒來代替常見的蜜紅豆，不但可以品嘗到紅豆的綿密，又可以減少醣類攝取，一舉兩得。

# 沁香鐵觀音蛋糕

鐵觀音的特色是藉由烘焙，引出茶葉濃韻的回甘滋味，
這款蛋糕將鐵觀音茶粉與蛋奶結合，讓蛋糕不但充滿了你難以想像的甘甜溫潤，
在回甘之餘還可品嘗到鬆軟的口感，是一款最適合搭配鐵觀音拿鐵的甜點！

**材料** 1人份

蛋白 …… 5顆
蛋黃 …… 5顆
奶油乳酪 …… 160g
赤藻糖醇（羅漢果糖）…… 40g
鐵觀音茶粉（可用各式口味茶粉替代）
…… 50g

**作法**

1. 奶油乳酪加入蛋黃打到細緻，再加入鐵觀音茶粉打勻。
2. 蛋白打30秒發泡後，再加入赤藻糖醇繼續打發至尖端立起且不垂下。
3. 分3次將蛋白加入步驟❶的蛋黃糊中翻拌均勻，放入烤盤抹刀抹平。
4. 放入烤箱150度烤30分鐘、120度烤10分鐘。

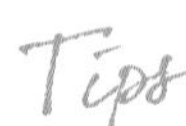

**為何要將蛋白分三次加入蛋黃糊中？**

在製作蛋糕的步驟中，分次混合可以說是最重要的步驟，因為蛋糕的蓬鬆感源自於打發的蛋白，但將蛋黃糊與打發蛋白混合的過程中，非常容易消泡，一旦消泡了，蛋糕就會缺少蓬鬆柔軟的口感，自然也不太好吃。

將蛋白分三次加入蛋黃糊中，目的是要降低蛋白消泡的速度，慢慢將蛋黃糊與蛋白徹底融合，所以千萬不要貪快就一次把打發蛋白和蛋黃糊混合，不但很難混合均勻，烤出來的蛋糕也會不太好吃。

Happy
Birthday

# chapter 6 Dessert

# 杯子甜點

讓杯盤瓶罐同時滿足視覺與味覺

# 你也可以成為杯子甜點達人

## 讓各式各樣的容器成為好幫手

很多粉絲會私訊我，跟我說「花花老師，我手很拙，每次看到你做的點心都超美，每次鼓起勇氣製作卻總是搞砸，雖然還是很好吃，但你有沒有新手也可以簡單上手的好方法？」

甜點師傅是經過很多的練習和訓練才能做出完美的成品，這裡頭都是下足功夫的，就如同「台上一分鐘，台下十年功」的道理！雖然不是人人都想當甜點師，但想要一展身手，拍照上傳Instagrm、Facebook等社交軟體的人可能不少，因此我開始研究如何讓大家製作可以簡單上手好吃又美味的甜點，後來發現其實可以利用各式各樣容器的輔助，特別是各種形狀的透明杯，再加上掌握配色、口味搭配、口感層次的不同呈現，就能讓成品呈現出一定的水準！

不只如此，花花這次設計的甜點依然是以減醣為主軸，教大家使用容易取得的材料來製作，就算是廚房新手都可以輕鬆做出好吃、不胖、美麗的甜點！千萬不要猶豫，快跟著花花老師動手做吧！

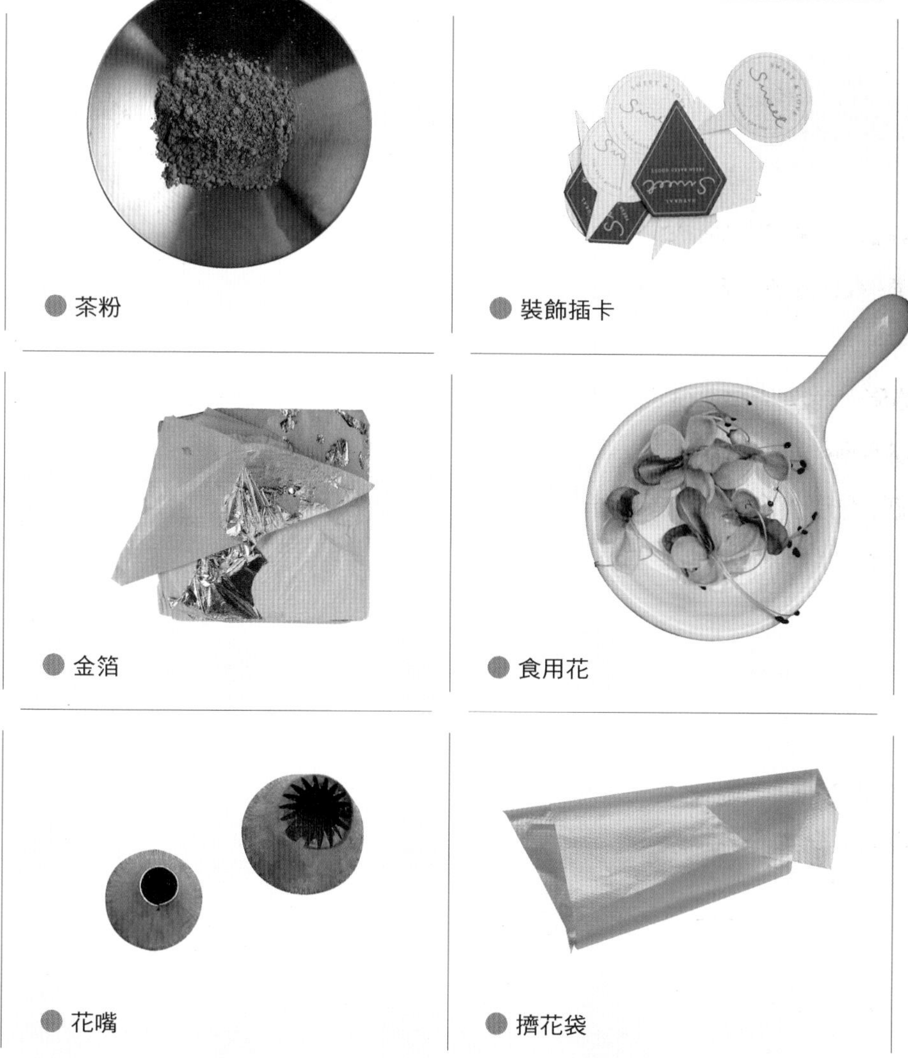

● 茶粉

● 裝飾插卡

● 金箔

● 食用花

● 花嘴

● 擠花袋

# 增添甜點的美感裝飾

杯子甜點因為有容器的輔助，減少了蛋糕成型、整形的步驟，只要製作出美味的各式甜點填充進杯子裡，基本就有一定的成品樣貌了。

不過若是想讓你的杯子蛋糕更加賣相，還可以掌握以下一些裝飾的基本技巧！

## 粉類裝飾

簡單撒上可可粉、各式茶粉，就是最簡單而不敗的裝飾！

## 食用花裝飾

美麗的食用花絕對是最高貴不敗的裝飾品！但食用花價格不菲加上保存不易，通常會是要送人或是辦Party時我才會採購！

## 水果裝飾

利用漂亮的莓果類來做裝飾也是個簡單的好方法！草莓、藍莓，或是少量的葡萄、百香果、檸檬片，都是很適合的裝飾品！可以切小塊堆疊，也可以切片整齊排列，都會讓你的甜點大加分。

## 金箔裝飾

金箔我一般是搭配粉類裝飾使用，粉類裝飾上面加上一片金箔或是噴上金粉，就可以馬上翻身成為高價甜點！

## 果乾裝飾

單片果乾裝飾也可以讓你的甜點輕易地成為大師作品，如果像是檸檬片、鳳梨片這一類較大的果乾，可以單插一片，掌握少即是多的原則。若是可以切小塊的蔓越莓乾，則可適量撒上，畫龍點睛即可。

## 鮮奶油裝飾

鮮奶油

鮮奶油裝飾其實是最困難的一種，尤其是動物性鮮奶油，打發的恰到好處就是一件需要練習的事！但我還是在這裡提供新手一些小建議，讓你掌控鮮奶油裝飾技巧：

◆ 選擇圓孔花嘴：

圓孔花嘴可以輕易擠成水滴型做裝飾，大大小小的水滴組合也會讓你的甜點呈現出可愛的樣貌！尤其是凝乳類、乳酪醬都很適合，很建議大家可以多備幾個大小不同的圓孔花嘴使用。

◆ 選擇齒數較高的花嘴：

十齒以上的花嘴在擠花上比較容易形成豐盈飽滿的感覺，特別適合乳酪醬使用。

六齒的花嘴一般成型較為困難，鮮奶油打發的控制也比較需要技巧。

圓形花嘴

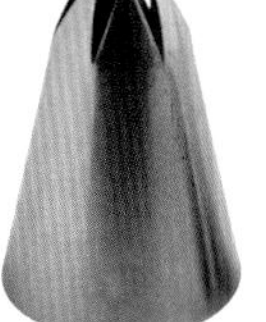
六齒花嘴

# 單口味甜點的容器運用原則

單一口味的甜點由於沒有層次，會建議掌握以下幾個原則：

## 使用開口較大的容器

可以在上面適量加入口味適合的水果，例如：香草慕斯加上新鮮藍莓、薄荷；白玉羊羹加上新鮮草莓、香草。

## 使用開口較小的容器

尋找適合搭配「鮮奶油」的甜點，建議可以裝七分滿，最上面擠上鮮奶油裝飾。

## 不適合搭配鮮奶油的甜點，又想使用開口較小的容器

可以用甜點插卡來裝飾，擠上少許凝乳點綴。

# 複合口味甜點的搭配原則

甜點搭配比較有難度，除了顏色好看，還要考慮口味是否搭配！以下幾個原則是你在選擇搭配時要注意的：

## 尋找不同口感但同口味的甜點組合

尋找三種不同口感但口味相近的甜點，例如：以巧克力為主軸，可以選擇巧克力餅乾、巧克力奶酪、巧克力蛋糕，顏色有深淺層次，口感豐富有變化，是最簡單不敗的做法。

## 尋找經典風味的搭配

- 總會有一些你熟知的經典搭配，例如：紅豆配抹茶、巧克力配草莓，你可以找一個紅豆的甜點再加上一款抹茶的甜點，並將兩個組合。
- 以7：3的比例來讓視覺更美麗，口味較淡份量多一點，也可以平衡甜點的風味。
- 一開始建議不要挑戰三種的搭配，循序漸進慢慢尋找適合的口味。

## 以不敗的原味為基底

以原味為基底絕對是新手最好上手的做法！

- 建議從同一類甜點來選擇，例如：白玉羊羹＋紅豆羊羹，香草慕斯＋巧克力慕斯，一樣用7：3的比例來填充，口味較淡的量比較多。
- 若是要兩款不一樣類型的甜點，則是要考慮口感的配搭，例如：蛋糕＋乳酪醬、餅乾＋乳酪醬。
- 當然你也可以試著挑戰比較有創意的搭法，像是羊羹＋慕斯，我會建議其中有一款是原味。

甜點的搭配其實極具想像力，你可以先做一杯試試看口感，若這搭配真的太不行，至少還能做成單一口味的甜點，掌握原則、發揮創意！

# 玩出不同風格的創意甜點

有了杯子等各式器皿的協助，以及一些小物、配件的搭配和裝飾，你就可以開始思考一下如何為原本單調的甜點，創造出一個讓人看了就食指大動的絕妙成品！以下提供讀者不同甜點風格的呈現特色，讓大家可以參考運用。當然，你若能破除框架，創造出自己的風格，一定會有更大的成就感！

## 日式優雅風

精緻的日式甜點總是讓人覺得宛如藝術品，然而過多的糖分卻常是日式甜點的一大隱憂。自己做的甜點就可以免除這樣的困擾了，不管糖分或是澱粉類都可以自己控制，至於日式風格的塑造，雖然你可能沒有一雙巧手，但你可以掌握日式風格在顏色上的一些精髓！例如比較偏向大地色系的米白和棕色，大自然色系的抹茶綠與櫻花粉，在這些顏色的強化下，再加上器皿的搭配和小物的裝飾，要呈現出白雪紛飛的京都風情或是遍地落櫻的東京街頭都不是不可能！

Happy

## 浪漫法式風

一聽到法式甜點，不由得就皺起眉頭覺得「這根本是個不可能的任務」！暫且忘掉法式甜點中的鏡面淋醬、千層酥皮等繁複又困難的工序，曾有一個法國甜點主廚跟我說，法式甜點的特色其實就在於不論來自哪個地區，不管是法國鄉村的傳統點心或是精細的宴會甜點，所運用的食材都會是當季、當地最新鮮的產品。因此，在你想要營造浪漫法式風時，可以運用一些水果的陪襯，打造出當令的季節感。此外，法式甜點中常會運用大量的慕斯和乳酪醬等元素，正好也是非常適合用在容器類的品項。至於色澤上，選用一些比較強烈的色彩，例如可可色、紅色、橘色等，更華麗點可以再加一點食用金箔，在這樣的營造下，相信你將法式甜點照片一貼到社群媒體上，馬上就會引來眾多的讚嘆！

## 甜美可愛風

要塑造出甜甜的少女風，就不能漏了各式各樣的花嘴，運用花嘴擠出大大小小與不同波浪層次的奶油裝飾在成品上，就算你的蛋糕因為烘烤時間沒掌握好而有點崩塌，也可以被這些如小花般的奶油所掩蓋，若能再加上一些可食用的裝飾花或是茶粉、糖粉等材料，打造成波浪點點的效果或是百花盛開的樣貌，絕對可以讓你的甜品瞬間可愛爆棚！

這三種風格算是甜點中最常出現的形式，運用不同的想像和器具，常能創造出更多樣的變化，為了讓大家更能理解如何運用書中的單品搭配出更多樣的變化，接下來的篇幅我就以十款的杯子甜點組合為範例，提供大家參考！

# 迎春・春風拂至的嫩芽綠

以碧螺春茶慕斯為基底，
中間是口感輕柔帶著暖暖香氣的芝麻蛋糕，
最後疊上清甜帶著淡淡奶香的香草乳酪醬，
蛋糕與慕斯柔軟地完美結合，
尾韻帶著茶香，很適合搭配一杯春茶享用。

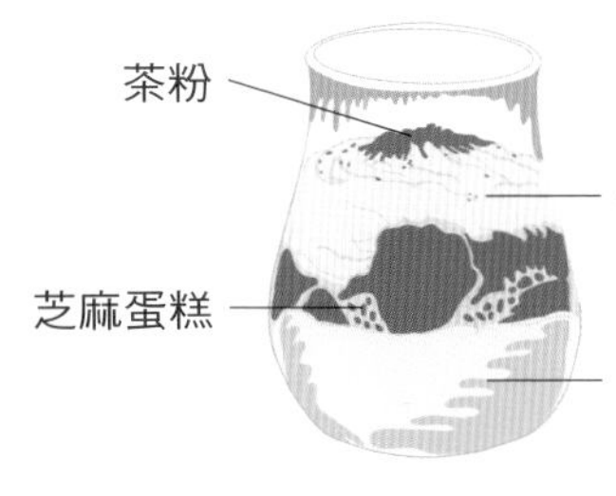

# 仲夏・夏日裡浸泡在海洋的愜意清涼

夏天就該來點酸酸甜甜的清爽滋味！
以微微酸香的優格慕斯為基底，
再擠上酸甜夠味的檸檬凝乳，
最後加上晶瑩剔透的白玉羊羹，
搭配一杯薄荷氣泡水就是最夏日的享受！

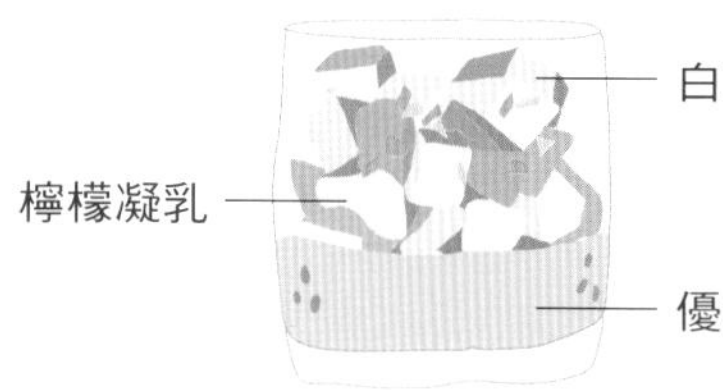

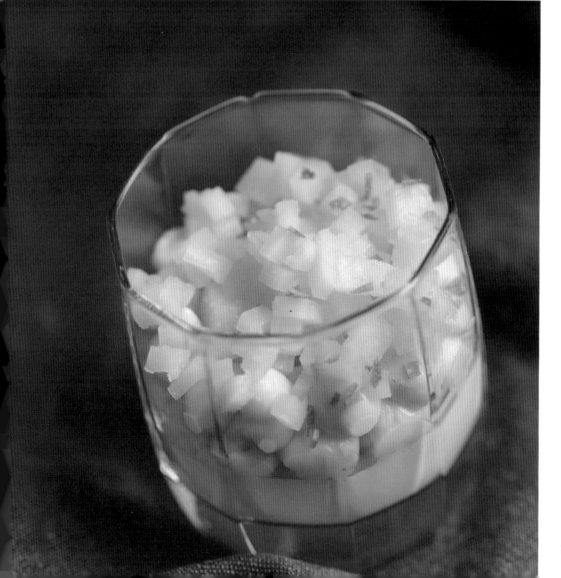

# 深秋．秋高氣爽中的茶香韻味

栗子就是秋天的味道！
濃郁炭焙烏龍的茶香製成細滑順口的慕斯，
佐上軟綿清香的栗子和鐵觀音蛋糕，
茶香與栗子幸福地融合在口中！
搭配一杯茶香拿鐵最是對味！

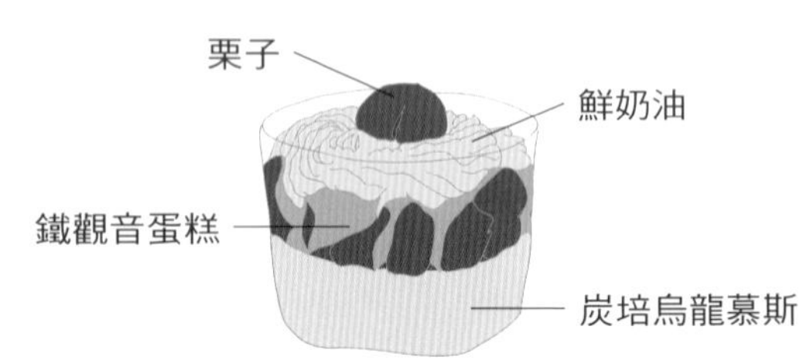

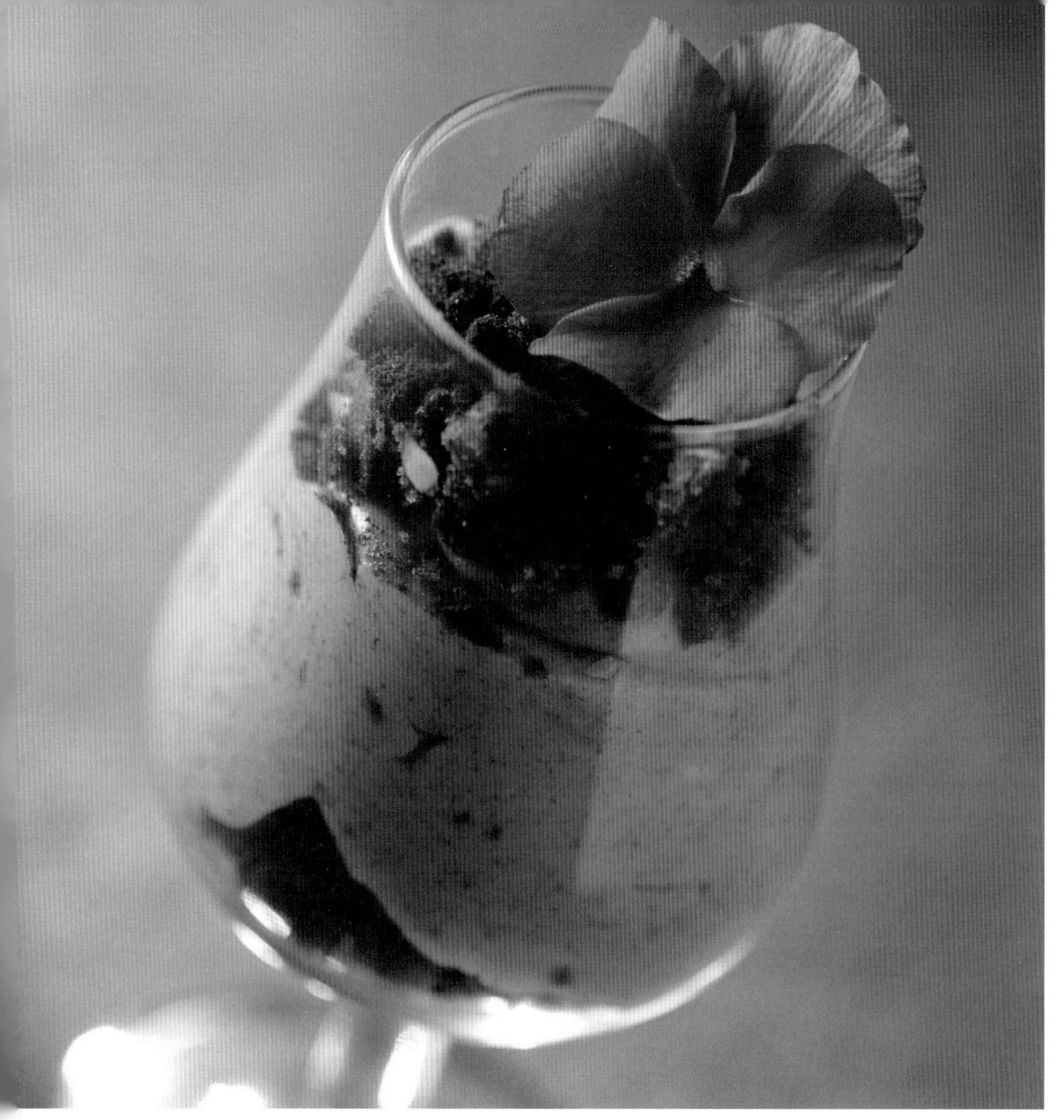

# 冬陽．寒冬裡的溫潤滋味

巧克力與辣椒絕對是你意想不到的幸福滋味！
酥脆的巧克力餅乾和帶著微辣鹹香的辣椒乳酪醬，
搭上一杯香料熱紅酒更增添滋味！

食用花
巧克力餅乾
辣椒乳酪醬

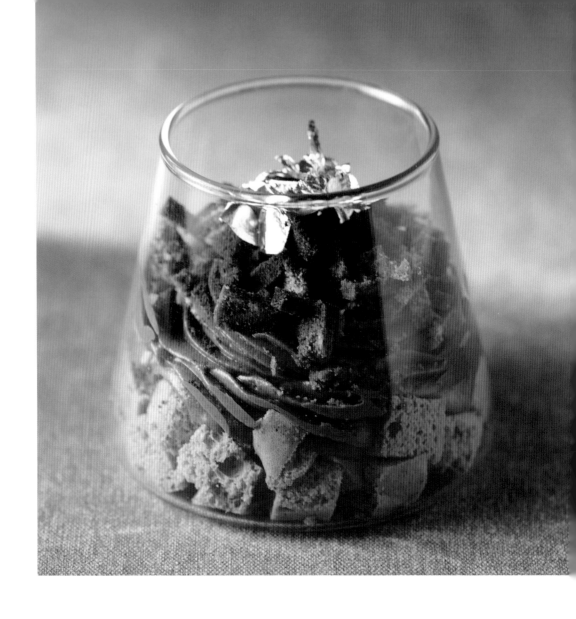

# 親愛的可可．濃情蜜意的可可情人

層層疊疊的巧克力組合，絕對可以收服每個人的心！
酥脆巧克力餅乾加上濃濃的巧克力乳酪醬，
還有帶有淡淡巧克力香氣的柔軟蛋糕，
再來一杯擠上滿滿鮮奶油的熱可可，
滿足你對巧克力所有的想望！

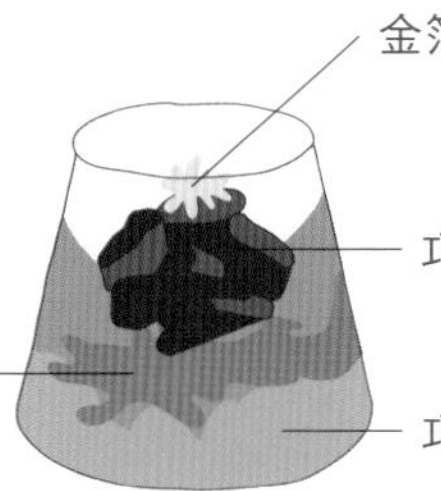

# 嵐山·日式風情的怡然自得

京都嵐山最經典的莫過於抹茶＆紅豆！
以不同的方式呈現抹茶與紅豆，
賦予它們新的口感，再加上濃濃茶香做的果凍，
經典組合成新生命～
配上一杯抹茶拿鐵，想像在嵐山享受生活的美好！

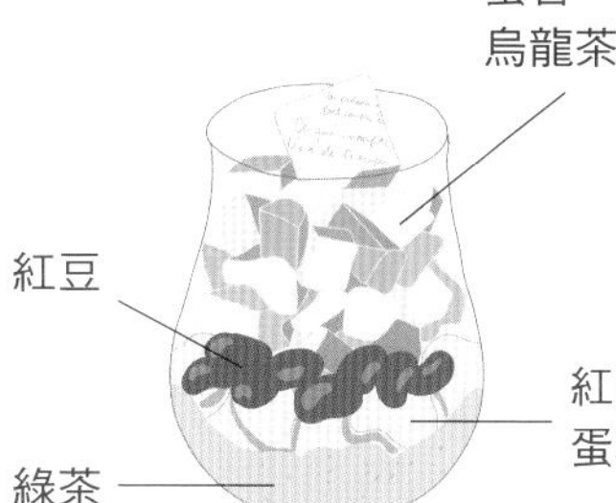

# 熱情義大利．浪漫奔放的創意碰撞

富有創意的組合，原味榛果餅乾酥脆帶有堅果香氣，
加上清涼薄荷和原味乳酪醬，
最上面佐上酸甜的百香果凝乳，
呈現出多層次的甜點享受！
建議搭上一杯帶著薄荷香的莫西多調酒（Mojito），
享受最不一樣的甜點盛宴！

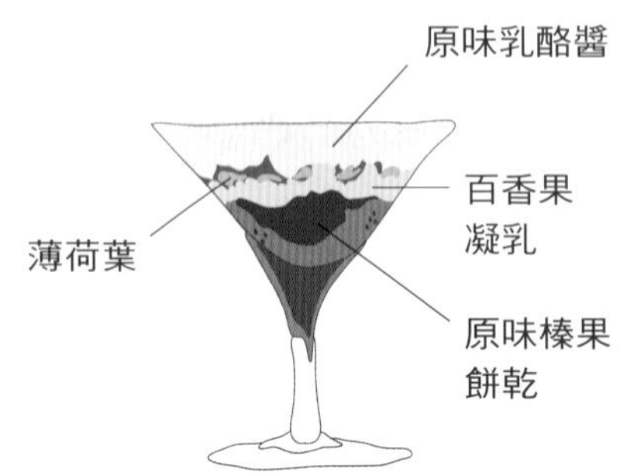

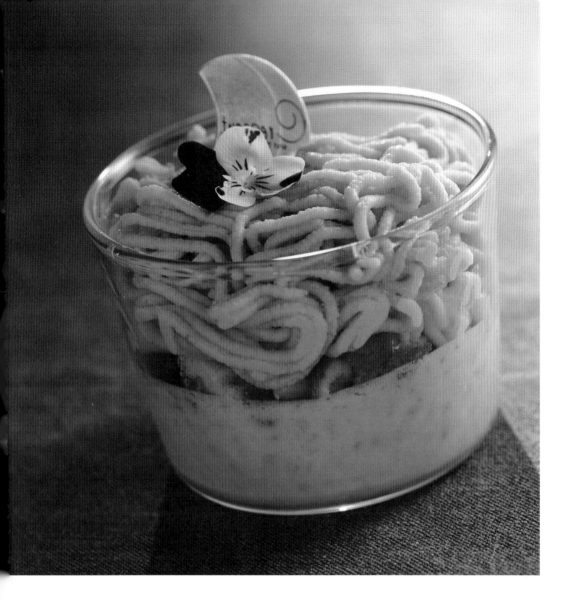

# 芋頭蒙布朗‧台法交融的濃香綿密

芋頭控不能錯過的芋頭蒙布朗！
以綿密細緻的芋香慕斯為基底，加上香草蛋糕，
最後擠上香濃芋泥～化不開的濃濃芋香，
讓你一口接一口停不下來！
搭配一杯蜜香烏龍茶，
享受擁有中式靈魂的甜點！

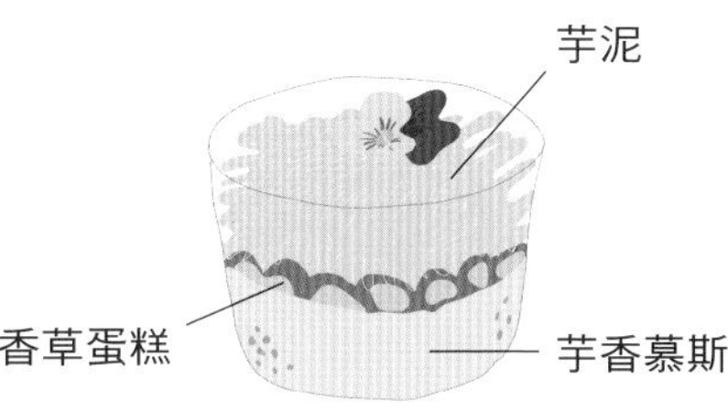

# 櫻花舞・翩翩起舞的京都風味

櫻花季不能錯過的賞櫻點心，
日本元素不能少的紅豆＋抹茶，
帶著奶香的紅豆慕斯加上抹茶羊羹，
最後加上鹽漬櫻花，浪漫了整個甜點！
搭上一杯現刷抹茶，彷彿就坐在櫻花樹下享受這份浪漫！

鹽漬
櫻花裝飾

紅豆

抹茶羊羹

紅豆慕斯

# 提拉米蘇．經典不敗的傳統風味

最經典的義大利甜點，
用杯子來製作更加簡單方便，
特別選用白蘭地乳酪醬提升甜點的質感，
搭配一杯濃郁的濃縮咖啡（Espresso），
就是最經典的享受！

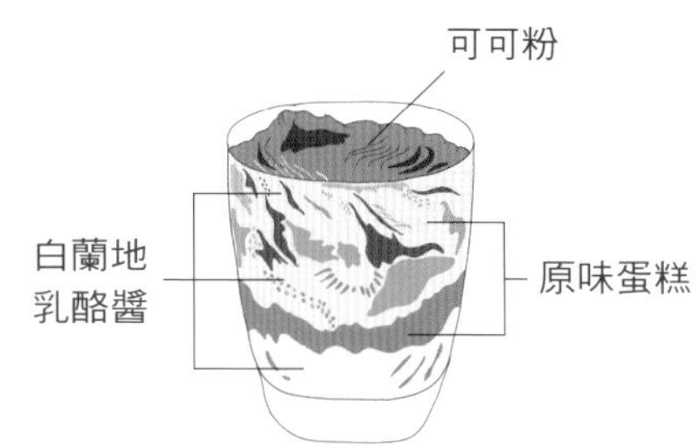

原葉茶粉

## 低溫研磨的無毒台灣茶粉

碧螺春茶粉　黃金烏龍茶粉　蜜香紅茶茶粉　阿薩姆茶粉　炭焙烏龍茶粉

原葉茶粉精選自然農法栽種的高品質茶葉，茶葉本身便是無毒無農藥，使用起來也更加安心，選擇低溫研磨、保留茶葉香氣，將台灣在地好茶磨成細緻的茶粉，雖然成本極高，但風味與香氣是一般即溶茶粉無法相比的。原葉茶粉有著細緻的粉末，更容易釋放風味與茶色，有著濃郁的茶味，非常適合喜歡明顯茶味的人，獨特台灣茶風味、清香回甘。

單品茶品

## 自然農法手工摘採的台灣好茶

覓幸採訪台灣各地、選擇自然農法與有機種植的茶區，過程中不使用農藥與化肥，無毒無汙染，每片茶葉都是被友善大地、崇尚自然栽種的茶農悉心照顧生長，一起在乎腳下的土地、讓喝進的每口茶都蘊含著大自然的力量與風貌。每款單品茶皆是精選的台灣好茶，茶香優雅深厚、各有獨特魅力與特色。

前往覓茶誌了解更多茶知識
blog.mysteajourney.com

關於 Cookpad

1997 年創立於日本，總部設立於東京，目前是全世界最大的食譜網站，在全世界 77 個國家支援超過 33 種語言，每天提供數十億人尋找、分享烹飪和食譜靈感，讓廚友們天天享受烹飪趣！

Cookpad 深信世界因著「烹飪」而變得更美好。

Cookpad 台灣：https://cookpad.com/tw/

歡迎在 Cookpad 上追蹤花花老師，也記得鎖定 Cookpad 不定期有跟花花老師合作的活動喔！

Cookpad APP

花花的減醣好油幸福味

# CookPad v.s. 花花老師的減醣甜點 獎學金合作折價券

CookPad 為鼓勵大家在家料理！與花花老師合作獎學金烹飪課程，將於 2022 年 3 月份開始持續 12 堂料理課程，以甜點搭配餐食，與大家健康、美味的享受減醣生活！

單堂費用 2000 元，只要憑花花老師新書「花花老師的減醣甜點」折價券，CookPad 就提供獎學金 1000 元，讓廚友們可以 1000 元的優惠價報名其中兩堂課程。

每堂課時間兩小時，會教大家學習一款減醣醬料、一款運用料理，以及一款組合杯子甜點，每人皆可享用一份完整餐點，期待大家一同享受烹飪生活的美好！

## 花花老師減醣餐食與甜點的邂逅

報名連結：

Part1：XO 醬、XO 醬白花椰炒飯義式青醬、冬陽（巧克力蛋糕、辣椒乳酪醬）

假日班 2022/3/6 13:30~15:30　平日班 2022/3/7 13:30~15:30

Part2：超享受金沙醬、金沙蔥花減醣麵包、迎春（芝麻蛋糕、碧螺春慕斯）

假日班 2022/4/10 13:30~15:30　平日班 2022/4/11 13:30~15:30

Part3：義式青醬、青醬燉雞、經典提拉米蘇（白蘭地乳酪醬、原味蛋糕）

假日班 2022/5/8 13:30~15:30　平日班 2022/5/9 13:30~15:30

Part4：美味和風醬、和風雞肉沙拉、杯子檸檬塔（檸檬凝乳、巧克力餅乾）

假日班 2022/6/5 13:30~15:30　平日班 2022/6/6 13:30~15:30

Part5：減醣芝麻醬、麻醬雞絲、京都櫻花舞（紅豆慕斯、抹茶羊羹）

假日班 2022/7/3 13:30~15:30　平日班 2022/7/4 13:30~15:30

Part6：泰式酸辣醬、泰式海鮮沙拉、嵐山（抹茶蛋糕、黃梔子花山茶凍）

假日班 2022/8/7　13:30~15:30　平日班 2022/8/8 13:30~15:30

「花花的低醣世界」粉絲專頁：

實際課程以「花花的低醣世界」公告為準，本公司保有修改活動內容之權利。

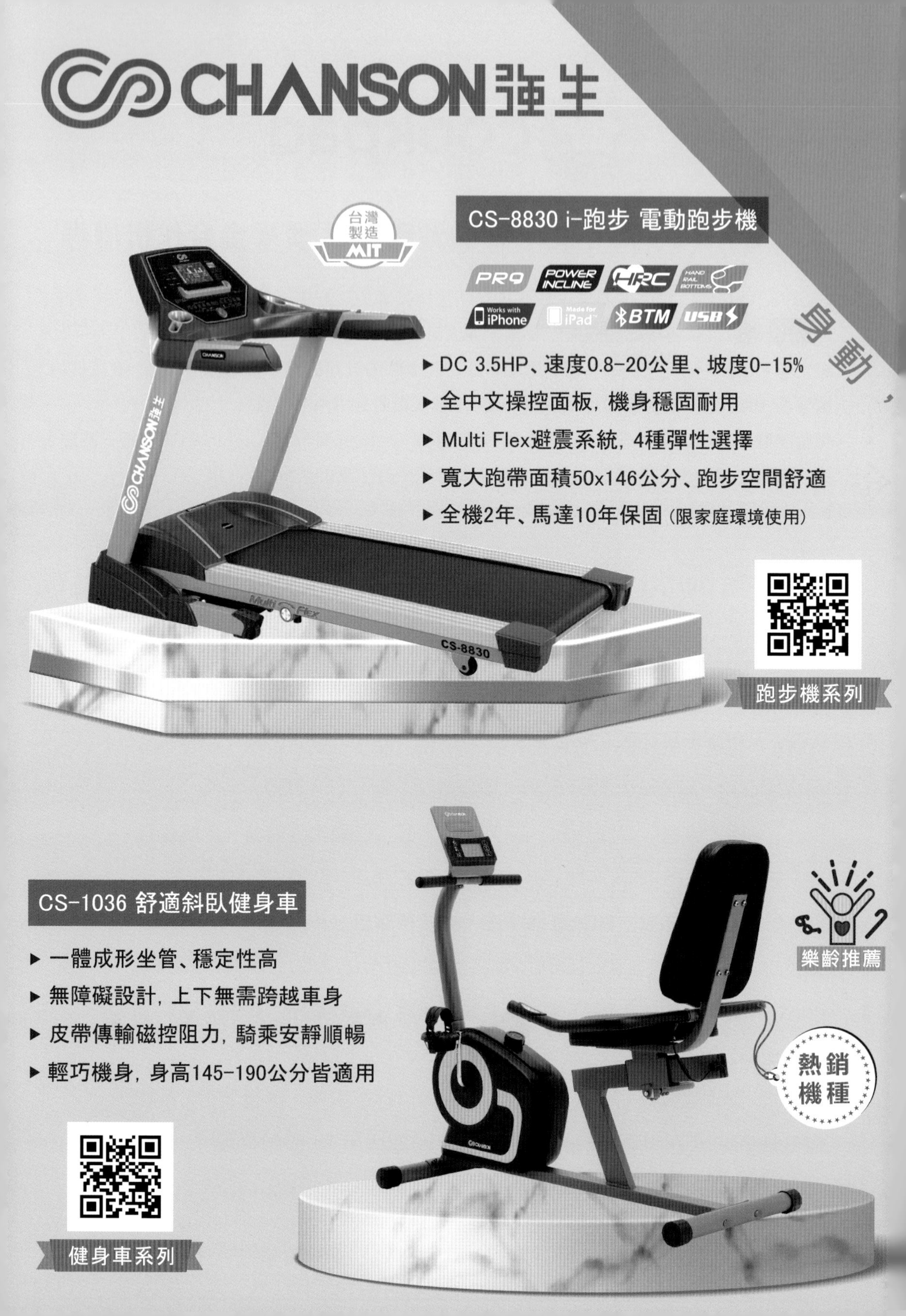

CHANSON強生
台灣製造 MIT
CS-8830 i-跑步 電動跑步機
PRO
POWER INCLINE
HRC
HAND RAIL BOTTOMS
Works with iPhone
Made for iPad
BTM
USB
身動，
▶ DC 3.5HP、速度0.8-20公里、坡度0-15%
▶ 全中文操控面板，機身穩固耐用
▶ Multi Flex避震系統，4種彈性選擇
▶ 寬大跑帶面積50x146公分、跑步空間舒適
▶ 全機2年、馬達10年保固（限家庭環境使用）
CHANSON強生
Multi Flex
CS-8830
跑步機系列
CS-1036 舒適斜臥健身車
▶ 一體成形坐管、穩定性高
▶ 無障礙設計，上下無需跨越車身
▶ 皮帶傳輸磁控阻力，騎乘安靜順暢
▶ 輕巧機身，身高145-190公分皆適用
樂齡推薦
熱銷機種
健身車系列

國家圖書館出版品預行編目（CIP）資料

花花老師的減醣甜點：45款甜點X最精簡工法，可以立刻上手的夢幻食譜／曾心怡（花花老師）著.
-- 初版. -- 新北市：臺灣商務印書館股份有限公司, 2022.01
面；17×23公分（Ciel）

ISBN 978-957-05-3381-1（平裝）

1. 點心食譜

427.16　　110020363

Ciel

# 花花老師的減醣甜點

## 45款甜點×最精簡工法，可以立刻上的夢幻食譜

作　　者—曾心怡（花花老師）

發 行 人—王春申
選書顧問—林桶法、陳建守
總 編 輯—張曉蕊
責任編輯—陳怡潔
助理編輯—廖雅秦
封面設計—兒日設計
內頁設計—黃淑華
攝影—石頭
插畫—HUEI
場地租借—虎記商行
電商平臺業務組長—王建棠
行銷組長—張家舜
影音組長—謝宜華

出版發行—臺灣商務印書館股份有限公司
23141新北市新店區民權路108-3號5樓（同門市地址）
電話：（02）8667-3712　傳真：（02）8667-3709
讀者服務專線：0800056193
郵撥：0000165-1
E-mail：ecptw@cptw.com.tw
網路書店網址：www.cptw.com.tw
Facebook：facebook.com.tw/ecptw

局版北市業字第993號
初版一刷：2022年1月
印刷廠：鴻霖印刷傳媒股份有限公司
定價：新臺幣380元

法律顧問—何一芃律師事務所

## 覓幸茶旅草本茶系列

為天然草本調配的漢方配方，
口味溫和順口。

- 草本纖美茶酸甜解膩
- 不知春馬鞭草茶晚安助眠
- 黑豆胡麻焙茶順口焙香

活動期限至2022年3月31日

**三入體驗組品嚐純淨自然草本風味**

購買《花花老師的減醣甜點》一書，可憑此課程折價券，參加cookpad & 花花老師聯名的實體料理課程，將享有一千元的折價優惠。

- 此折價券僅限於花花老師的實體獎學金合作課程。
- 本折價券僅限一次使用，影印或拍照無效。
- 本折價券不可折抵現金或其他等值商品。
- 本折價券有效期限為2022年8月8日。

---

填妥個人相關資料，將此折價券於2022年3月1日前（以郵戳日期為憑）寄回臺灣商務印書館（231 新北市新店區民權路108之3號5樓）參加抽獎，即有機會獲得強生貝殼機一台（JS-120，市價1980元，款式隨機出貨）。

- 本優惠券僅限一次使用，影印或拍照無效。
- 請於信封上註明「《花花老師的減醣甜點》抽獎活動」字樣。
- 本活動將於2022年3月14日（一）中午12：00，於臺灣商務印書館臉書專頁公開抽獎並公告得獎者。
- 本獎品寄送地點限台澎金馬，寄送方式限宅配，若無法提供可宅配之台澎金馬地址，則視為放棄得獎資格。

U0000604

60歳からは脚を鍛えなさい 一生続けられる運動のコツ

# 一輩子受用的腳部健護指南

中野·詹姆士·修一

黃健育 譯

## 前言

# 百歲人生時代正式來臨

新冠病毒流行以來，為了避免疫情擴大，公司企業紛紛鼓勵居家上班。由於減少步行前往車站通勤、以及在辦公室走動的機會，比起之前居家上班還不是常態的時候，現在普遍**更容易缺乏運動**。

在家裡也是同樣的狀況。洗衣機通常有烘衣功能，使用洗碗機和掃地機器人的民眾也越來越多。即便不去超市，只要在家滑滑手機，需要的東西就會自動送上門來。雖然家事負擔變輕，但一天的活動量也明顯減少許多。

這種便利的生活一直持續下去會怎樣呢？**肌肉不用會減少**。尤其是少站少走，更會嚴重導致雙腳肌肉衰退。現在還忙碌的時候倒還好，同樣的生活持續十年、二十年，等上了年紀，**變成後期高齡者時，腳力虛弱就很要命了**。加上骨頭也變得相當脆弱，往往一個不小心就骨折。一旦骨折，又會更少動，甚至可能導致壽命逐漸縮短。

日本已進入超高齡社會，約每四人就有一人超過六十五歲，堪稱是「百歲人生」的時代。或許有人還是毫無所覺，不過根據二〇二〇年厚生勞動省公布的數據顯示，超過一百歲的高齡者人數連續五十年不斷增長，目前總數已超過八萬人。一九六三年開始統計時，一百歲以上人口僅一百五十三人，到了一九九八年已突破一萬人，二〇一二年更超過五萬人。考慮到醫療技術的進步，今後人數恐怕還會持續上升。

二〇一九年日本人平均壽命為女性８７・４５歲，男性８１・４１歲，連續八年皆為正成長，女性更連續五年高居全球第二，男性則連續三年排名全球第三。就全球的角度來看，日本的確是長壽之國。**相較於三十年前，女性平均壽命增加了５・６８歲，男性也增加了５・５歲**。從數據來看，要活到一百歲已經是不難想像的現實。

如果活到一百歲，一般上班族經過五十歲的人生折返點，到了六十五歲退休後還有三十五年可活。能夠享受更長的人生，無疑是件值得開心的事，不過在「能否健康走完漫漫人生路」的這個問題上，當然也存在著個別差異。

在人生後半段的漫長時光裡，是要臥病在床，或是直到最後都能隨心所欲地做著想做的事，要選肯定是選後者吧。

長期照護生活不僅本人不好受，家屬和旁人也會被迫承受龐大的負擔。

既然如此，我們該怎麼做呢？

當然就是打造健康的體魄了。所以我們必須運動，尤其**「腳」的鍛鍊更是不可或缺**。

# 練「腳」延長健康壽命

除了百歲人生的時代之外，**健康壽命**一詞也越來越常見。健康壽命為世界衛生組織（ＷＨＯ）提倡的新時代健康指標，意思是指**日常無需臥床照護，可靠自己獨立健康生活的時間**。

倘若平均壽命與健康壽命一致，那麼大多數人在人生結束前都能自立生活，可惜的是現實狀況卻不盡理想。根據二〇一六年厚生勞動省的調查，男性平均壽命為８０．９８歲，健康壽命７２．１４歲；女性平均壽命為８７．１４歲，健康壽命７４．４９歲。男女的健康壽命分別短少了大約八年和十二年，**表示有八至十二年的時間需要臥床照護**。

試著想想，有八至十二年的時間自己需要臥床照護的景象。多數人一定都希望「避免老了以後淪落至此」吧。

雖然身體還硬朗時很難想像，但臥床照護絕對不是什麼跟自己毫不相關的事。厚生勞動省公布的數據顯示，截至二〇一九年三月底，判定需要看護（援助）者共有六百五十八萬人，約占日本總人口的5％。順帶一提，二〇〇〇年判定需要看護（援助）者為兩百五十六萬人，二十年內就增加了四百萬人。這樣的數字成長，恐怕也與高齡人口的增加有關。

另有資料指出，**四分之一需看護者（女性為三分之一），以及三分之一需援助者，都是因為運動器官障礙的緣故**。運動器官障礙大致可分為骨質疏鬆症和變形性關節症等運動器官病變，以及肌力和平衡能力衰退導致的運動器官機能不全。

雖然其中還牽扯到其他不確定因素，但這樣的情況大多可藉由運動，尤其是透過練腳加以預防。換言之，許多人都是因為雙腳肌力衰退才需要接受看護或援助。明明練腳就能預防臥床看護的狀況，這又是何苦呢？

# 八十歲也能增加肌肉量

有些人或許會覺得，自己沒養成運動習慣就上了年紀，現在才開始運動，也改變不了什麼。不過，**幾歲開始都來得及**。只要現在開始練腳，同時養成營養均衡的飲食習慣，一定可以避免需要看護的窘境。

學生時代起從未做過任何運動的人，或是已經感受到腳力衰退的人，請儘管放心。**若能養成運動的習慣，即便到了七、八十歲，肌肉量必然還會增長**。這是經醫學證明的事實。

肌肉量會減少，是因為不使用肌肉。因此，只要給予大於日常生活程度的刺激，並充分攝取合成肌肉所需的蛋白質，肌肉必定會增長。而且運動不是只有上健身房，或者打網球和高爾夫球等等才算數。

若能確保日常生活中的運動量，同時執行本書所介紹的「練腳菜單」，肌肉量自然就會增加。

我有個高齡一百零三歲的祖母，她在九十八歲時臥床不起。**為了在臥床狀態下活久一點，不給旁人造成麻煩，她從九十八歲起開始鍛鍊肌肉**。認真實踐自己構思的訓練方式，以及我建議的運動清單後，最後祖母不僅不再成天臥床，如今甚至還能做單腳深蹲。

學習運動生理學時，我早已知道肌肉量無論幾歲都還能增長，也有實證性論文指出高齡者持續做啞鈴訓練可使肌肉量增長。**不過，親眼見證百歲人瑞肌肉漸長，肌力日益提升**，我再度深刻感受到人類這種生物有多厲害。

只要好好鍛鍊自己，不管到了幾歲，身體都會給予回應。

年齡根本沒什麼好在意的。

# 腳一弱病痛就來

腳不好會對身體造成什麼影響呢？大家首先想到的，一定是很難靠自己行走吧。然而腳力衰退的影響不只這樣，還會造成各種疾病和問題，侵蝕你的健康壽命。

舉例來說，糖尿病就是腳力衰退導致罹病風險升高的代表性疾病之一。糖尿病是指血液中的葡萄糖濃度，即血糖濃度過高。糖尿病分為一型和二型，日本糖尿病患者多半屬於二型。**二型糖尿病的成因為先天性遺傳體質，加上缺乏運動、肥胖、壓力、高齡等等所致**。其中**缺乏運動和肥胖是最主要的因素**。腳力衰退之後，光是稍微活動一下就容易疲累，導致運動量日漸不足。而雙腳肌肉量減少的話，熱量消耗也會跟著減少，容易造成肥胖。當然，缺乏運動也是肥胖的成因之一。由此可見腳力衰退後，罹患糖尿病的風險也將隨之攀升。

除了糖尿病以外，**困擾許多高齡人士的退化性膝關節炎和骨質疏鬆症，有時也是因為腳力衰退所導致**。當然，未必每個人上了年紀都會罹患這些疾病。平常多活動膝關節可預防**退化性膝關節炎**；維持均衡的飲食習慣，並持續運動刺激骨骼，亦可大幅降低罹患骨質疏鬆症的風險。只要趁著年輕時積極使用並鍛鍊雙腳，上了年紀後就不至於為腰腿疼痛所苦。

**練腳運動還有預防失智症的效果**。運動有有益於活絡大腦。或許有人無法想像，其實人類活動身體時，大腦也一邊處理著許多資訊。雖然目前已經有人工智慧在將棋或西洋棋賽中贏過人類，但能像人類一樣踢足球、打網球的機器人卻仍未出現。身體的活動十分複雜，能帶給大腦許多刺激，不難想見運動對大腦好處多多。

一般認為高齡所導致的問題，其實原因大多是出在腳力衰退，這些都可以透過練腳加以預防。

# 覺得自己很健康？這樣想就錯了

即便知道腳力衰退會陷入長期臥床、需要看護的窘境，恐怕還是有很多人自以為沒事吧。不過實際上真的是這樣嗎？

運動障礙症候群（Locomotive Syndrom），簡稱LOCOMO，意指肌肉、關節、骨骼等運動器官衰退後，無法順利執行日常動作，導致需接受看護的風險升高。根據調查結果，**包含潛在患者在內，日本目前有高達四千七百萬人患有LOCOMO，七十五歲以上者每三人就有一人需要看護（援助）**。自認「身體健康，不會生病」的人，大多都是需要看護的高風險人口。

接著就來實際檢測看看你的腳是否開始衰退，或是正過著雙腳容易退化的生活。請在下列十個問題當中，勾選符合的敘述。

## 腳的衰退度檢測 ❶

- □ 超過五年以上的時間，幾乎沒做過任何像樣的運動
- □ 有電梯或手扶梯可搭，就不走樓梯
- □ 四十歲過後曾摔倒骨折（包含手）
- □ 雙腳明顯浮腫
- □ 感覺腿比以前細
- □ 最近容易絆倒
- □ 經常搭車移動
- □ 下樓梯時感覺膝蓋疼痛或異常
- □ 居家上班的機會增加，坐在家裡的時間變長
- □ 走得比以前慢

這十個敘述您符合幾項呢？不是說超過幾項很危險，低於幾項就沒事。哪怕只符合其中一項，同樣表示日常生活中有應該改善的地方，必須積極運動鍛鍊雙腳。

接著來做一下身體檢測。要測試的有兩個項目，分別是**能否單腳從椅子上起身，以及能否在單腳站立的情況下穿襪子**。雙腳都請試試看。

在測試過程中，雙腳皆能保持平衡者即算合格。為避免腳力衰退，今後請好好地使用雙腳。若是有其中一項辦不到，或過程中無法保持平衡，這就表示你的腳力正在衰退當中。請重新審視生活習慣，並嘗試執行本書介紹的運動。只要持續運動、鍛鍊雙腳，這些測試不久都能輕鬆完成。

## 腳的衰退度檢測 ❷

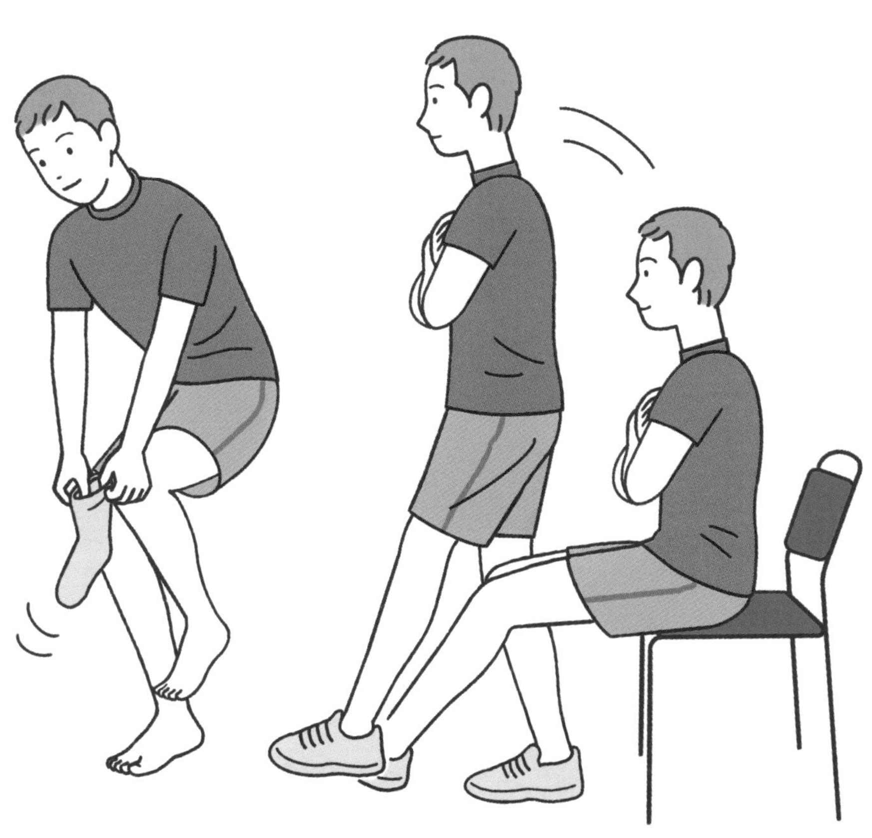

能否在單腳站立的狀態下穿襪子？左右腳都試試看。

在坐姿狀態下，能否不用手單腳起立？
椅子高度越低越好。
七十歲以上者，能否不用手雙腳起立？

# 一輩子受用的腳部健護指南

## 目錄

第1章

# 打造一雙走到100歲都沒問題的腳

# 終極版練腳菜單

第2章

# 勤練腳，病痛就不來

## 對症練腳這樣做

### 對症練腳這樣做❶ 糖尿病

第3章

# 延長健康壽命的生活飲食習慣

第4章

# 維持運動習慣的訣竅

# 第 1 章

# 打造一雙
# 走到 100 歲
# 都沒問題的腳

# 老化從腰腿開始。什麼都不做，肌肉量只會越來越少

常言道「老化從腰腿開始」。或許有些人已經感受到上下樓梯比年輕時還要吃力了。過了二十歲左右的巔峰期後，隨著年齡漸長，沒有運動習慣的人每年大約會減少１％的肌肉量。而**肌肉量減少最明顯的部位就是腳**。研究資料指出，從二十歲到八十歲為止，腳的肌肉量會減少３０％以上。在這個逐漸便利的現代社會，若是繼續過著缺乏運動的生活，腳的肌肉一下子就會變少了。

雖然手臂和軀幹的肌肉也會隨著年齡增長而消退，卻不像腳那麼嚴重。**必須優先練腳的理由很單純，其實就是腳的衰退速度很快**。

電視媒體大力鼓吹減肥和訓練，掀起了各式各樣的風潮。例如不久前就流行軀幹訓練。要養成運動習慣，也可從軀幹訓練著手。不曾運動過的人，開始做些伸展運動也很好。

不過為了維持身體健康，避免將來淪落到需要看護的窘境，首先還是得練腳才行。

## 上肢肌肉量隨著年齡增長的變化

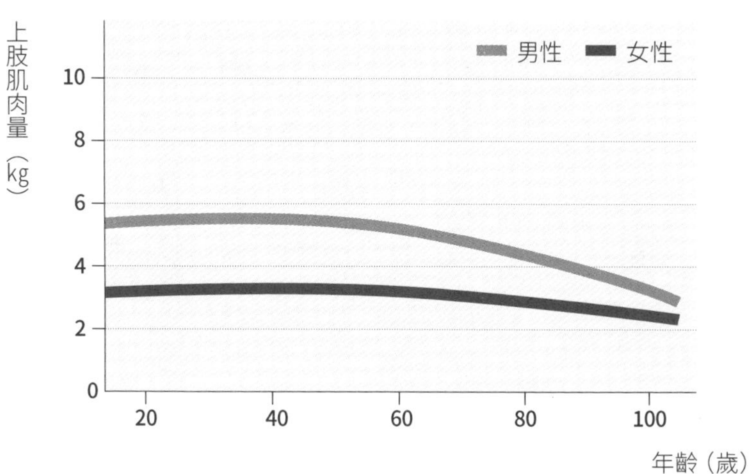


## 下肢肌肉量隨著年齡增長的變化

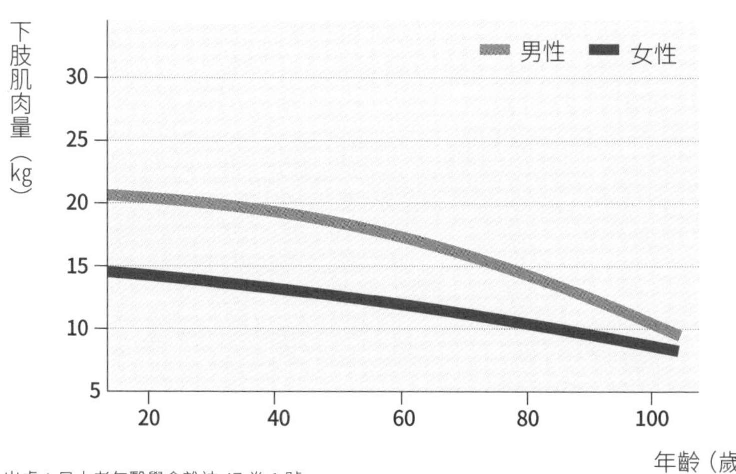


出處：日本老年醫學會雜誌 47 卷 1 號

## ▲肌肉不用會減少

若沒有運動習慣，肌肉量將隨著年齡增長而逐漸消減，不過，年齡絕對不是肌肉量減退的原因。**肌肉是因為不用才會減少**。

擔任體能訓練師指導學員時，我深刻體悟到缺乏運動對於肌肉衰退的影響更甚於年齡。某位十多歲的女性模特兒沒有運動習慣，為了保持纖細的體態，平常總是限制熱量攝取，而她卻連一下伏地挺身都做不起來。另一方面，許多定期訓練的六十多歲女性，卻能面不改色地連做好幾下伏地挺身。要避免肌肉衰退，使用肌肉至關重要。

**在全身各種組織當中，肌肉是新陳代謝最活躍的組織**。肌肉不斷進行分解合成，大約每兩個月就會完全更新。如果缺乏運動，一直不使用肌肉，分解的速度將大於合成的速度，導致身體越來越消瘦。

比方說一隻腳骨折了，必須暫時過著打石膏的日子。打過石膏的人應該很清楚，骨折痊癒拆下石膏後，原先動彈不得的腳會明顯變得比健康的腳要細。缺乏運動造成肌肉量減少就是這個道理。

二〇二〇年春天，受新冠病毒影響，日本政府發布緊急事態宣言，要求民眾減少外出。我們私人訓練健身房的會員也請了數個月到半年不等的假。

請假期間，不少人在家都沒運動。由於這段時間很長，等到重新開始訓練時，我們又做了一次體能檢測。當然，每個人的情況各有不同，不過**平均而言肌肉量減少了二公斤，體重則增加了一公斤**。有訓練經驗的人應該都很清楚，要增加兩公斤肌肉是非常辛苦的，必須以年為單位從事訓練。然而一段時間沒運動，肌肉量很快就掉了。

雖然沒上健身房，但這些會員平時還是照常工作或做家事。光是減少外出和運動的機會，肌肉量就掉了這麼多，我也嚇了一跳。

單就體重來看，數個月到半年之間只增加了一公斤，感覺好像沒運動也幾乎不會胖。不過實際上是肌肉量大幅減少，脂肪相對增加。就算你現在的體重跟年輕時一樣，也絕不能因此掉以輕心。缺乏運動的狀態長期持續下去，肌肉量一定會減少。

一旦肌肉量減少，就算體重變輕也不值得開心。

# 為什麼腳會衰退？

為什麼腳的肌肉比起手臂軀幹等部位更容易減少呢？原因在於**下半身匯集了強而有力的必要大肌群，以便在移動時支撐自己的體重**。「既然是強而有力的大肌群，應該不容易衰退吧？」讀者們一定會有這樣的疑問。接下來就為各位進一步說明。

為了使肌肉變強壯，必須施加一定以上的負荷。這在專業上稱作超負荷原則，也就是**需要相應的大負荷才能鍛鍊出強壯的大肌肉**。肌力基本上與肌肉的截面積成正比，不過大腿顯然比手臂強壯，要維持肌肉量勢必得施加大負荷。

讓我們回顧一下自己的日常生活。你平常對腳施加了多少負荷呢？

首先是通勤。想必不少居住在外縣市的人都是開車通勤吧。當然，開車對腳幾乎造成不了任何負荷。**住在車站附近搭電車通勤，卻在車廂內盡可能找位子坐，這種人的腳也不會承受多少負荷**。最近公司企業紛紛鼓勵居家上班，想必有些人只在特定的日子才外出通勤。居家上班當然無法為腳帶來什麼負荷。

那麼工作又如何呢？以居家上班為主，或是以開車為業的人，工作時雙腳不太可能承受必要的負荷。

前言也提過，當今社會十分便利，不僅可以在網路上購物，家事也能交給掃地機器人處理。以前的人看了或許會覺得這簡直是夢幻般的生活，不過相對來說，**為腳帶來負荷的機會也減少了**。

若過著這種仰賴便利性的生活，運動量到底會多低呢？我請二十多歲的男性友人計算一週的行走步數。他從事製造業，獨自住在東京都的套房，沒有運動經驗，興趣是打電玩。

一週後看了數據，我嚇了一跳。每天的平均步數只有兩百步。於是我進一步詢問，了解是如何走這麼少步還能過活。

由於職業類型允許居家上班，平日他都是在家工作。從床鋪走到書桌只有一步的距離，去廁所是四步。耗費最多步數的是去用餐。而且，他三餐都叫外送，走到玄關取餐只要十幾步。週末則埋首於電玩之中，購物都在網路上解決，甚至不用去提款機領錢。所以他幾乎不用外出也能過活。

雖然他還年輕，平時卻經常抱怨肩膀僵硬，一下腰痛一下膝蓋痛。但如果是這種運動量就說得通了。在學生時代還有體育課和上學通勤，能確保最低限度的活動量，一旦**少了這種最低限度的活動量，肌肉量自然會急速減少**。

這絕對不是極端的例子。活在一個便利的社會，極有可能在不知不覺間導致身體衰退。尤其是腳，若是不特意抽空訓練，很容易就衰退了。

## 光靠健走是沒辦法練腳的

健走是對身體十分有益的運動。二〇二〇年外出自肅期間，政府也是普遍鼓勵到屋外健走或跑步，由此可見健走的好處。

不過，只是單純走路的話，不用專家教也能做。除非患有骨科方面的疾病，不然長時間持續下去也沒問題。而且健走的負荷不像跑步那麼重，是適合沒有運動經驗或長年疏於運動者的入門運動。加上不用呼朋引伴，又不受時間地點限制，可輕鬆融入生活之中。這些都是健走的魅力所在。

以略喘的速度健走，還有燃燒脂肪的效果。起初只有五分鐘、十分鐘也無所謂。只要開始健走，便能實際體驗活動身體的暢快感。不僅身體變得越來越靈活，體力也會隨之提升。

那麼健走能否充分鍛鍊雙腳呢？很遺憾，答案是否定的。

如同前述，屁股大腿等下半身肌肉十分強壯，需要高強度的負荷，才能達到鍛鍊的目的。肌肉量嚴重衰退的人，剛開始是有可能長些肌肉，然而**健走的負荷並不足以有效增加下半身的肌肉量**。

要增加某個部位的肌肉，最少得施加讓該部位感到稍微吃力的負荷。可以輕鬆完成的運動是不夠的。例如有人每天帶著裝了兩公斤物品的手提包通勤，這種人拿著五百克的啞鈴訓練，就幾乎不會有效果。

若您已經養成健走習慣，請務必繼續保持下去；同時也要記得，光靠健走並不能增加腳的肌肉量。

**如果想讓健走達成鍛鍊的效果，最好在健走路線中加入天橋等有階梯的地方**。

## 今後將有越來越多人罹患運動障礙症候群?!

運動障礙症候群（簡稱LOCOMO）意指肌肉、關節、骨骼等運動器官衰退後無法順利執行日常動作，導致需照護的風險升高。目前，日本七十五歲以上年齡層每三人約有一人被判定為需要看護（援助），不過年輕的世代也不能置身事外。

談到自己接受看護的話題，目前四十多歲的人可能還沒什麼感覺吧。大多數人擔心的反倒是父母親的照護問題。到了五十多歲時，應該有越來越多人感覺到體力衰退了。

即便如此，除非經歷過嚴重的傷病，不然可能還是沒多少人能去想像自己臥床的情景。

不過，現在可不是光顧著擔心父母親那一輩的時候。目前七十歲以上的人經歷過不如現今這般便利的時代，活動量遠比目前四十多歲的人都還多。就算沒有特別養成運動習慣，他們也累積了一定程度的肌肉量。即便如此，還是有許多人需要看護（援助）。**年輕世代長期生活在便利的社會，比起父母親那一輩，他們需要看護或臥床的風險更高**，這點務必要牢記在心。

你聽過肌少症（Sarcopenia）嗎？肌少症是指肌肉量因年齡增長或疾病因素而減少，導致身體機能低下，例如握力、下肢軀幹等部位肌力衰退，以及走路速度變慢，需要仰賴拐杖和扶手等等。

肌少症的原因有身體性活動不足、缺乏運動、慢性發炎、壓力增加、障礙、荷爾蒙分泌量變化、ＤＮＡ損傷等等，但多半都可以自行預防。

**要避免運動障礙症候群和肌少症，練腳是不可或缺的**。趁著還健康的時候，努力耕耘吧。

## 「衰退↓太累而不動↓更加衰退」小心陷入這種惡性循環！

在從事體能訓練師的職涯裡，每當我問起：「什麼時候你會覺得上了年紀或身體衰退？」往往會得到以下答案。

「皺紋和白頭髮變多了。」「老花眼變嚴重了。」「容易累。」「時常肩膀僵硬、腰痠背痛。」「體型變了（變胖或容易變胖）。」各位也有這種感覺嗎？

上述五個答案之中，「容易累。」「時常肩膀僵硬、腰痛。」「體型變了。」這三點極可能與肌肉量減少有關。**一般我們認為「上了年紀的毛病」，其實原因多半出在肌肉量的低落**。

「在電車或公車裡，站著沒多久就累了。」「因為要費很大的力氣，最後就懶得用走的了。」「不想太累，所以不走樓梯。」如果你經常抱著這些念頭，那麼雙腳很有可能已經衰退了，肌肉正在減少當中。

因為累就不站、不走、不使用樓梯。這種生活若持續下去，雙腳的肌肉將變得越來越少。肌肉量減少後，基礎代謝率也會跟著下滑。**每減少一公斤肌肉，一天的基礎代謝率將減少約五十大卡**。隨著基礎代謝率下滑，人就會變得容易發胖。倘若繼續維持肌肉量減少之前的飲食習慣，那麼體重和體脂肪勢必都會增加。

一旦肌肉減少、體重增加，就得用比過去更少的肌肉量，來支撐比過去更沉重的身體。

無論是站在電車或公車裡、走路，還是爬樓梯，都會變得比以往更加費力。

「衰退↓太累而不動↓更加衰退」，一旦陷入這種惡性循環，腳的衰退將會加速惡化。肌肉不用就會減少，這點一定要銘記在心。

# 腿細一點都不值得高興

對女性來說，「腿粗」常常是體態上的煩惱之一。我們的私人訓練健身房也有女性會員努力追求瘦下雙腿。還常常看到一些人因為害怕腿變粗，一直極力避免訓練下肢或跑步。

從事訓練或跑步的人應該都很清楚，運動不會那麼容易讓腿變粗。自行車賽和短跑等競賽十分重視臀部和大腿的肌肉，這些選手每天拚死拚活，好不容易才能把雙腿練壯。不信的話，看看新年期間箱根驛站接力賽選手們的腿就知道了，跑步絕對不會練就一雙象腿。

此外，女性也不像男性，會使肌肉肥大的男性荷爾蒙比例較少，因此為了維持健康而運動並不會讓腿變得又粗又壯。**因為怕腿變粗而不運動，簡直可笑至極**。

雖然腿的粗細多少受骨骼影響，但基本上就是肌肉和脂肪的比例。大致來說，可以分為少脂肪有肌肉的腿、有脂肪沒肌肉的腿、肌肉和脂肪兼具的腿，以及幾乎沒有肌肉和脂肪的腿。

就外觀上來看，有脂肪沒肌肉的腿和幾乎沒有肌肉和脂肪的腿多半都很纖細，是眾多女性嚮往的目標，不過那絕對不是理想的狀態。**如果想要健康過一輩子，避免需要看護和援助的窘境，腿細乃是大忌**。高齡者的腿變細，大多都是肌肉減少造成的。腿變細一點都不值得高興。

**我們應該追求的是少脂肪有肌肉的腿**。在迎向百歲人生的現代，就某種層面來說，纖細的腿或許已經過時了。肌肉線條明顯又有份量的腿才是健康的證據，也才是真正美麗又帥氣的腿。

# 進一步認識你的雙腳

要延續健康壽命，腳的肌肉不可或缺。如同前言所說，腳的衰退是各種問題和疾病的成因。糖尿病、退化性膝關節炎、骨質疏鬆症、失智症等等，有時都是雙腳衰退所引起的。

站立、行走、蹲下等日常動作，更是得仰賴腳的肌肉才得以順利完成，一旦雙腳衰退，屆時也將難以自立生活。而我們所身處的時代十分便利，僅僅只是正常過日子，雙腳都會逐漸衰退。想活得健康長久，勢必得特別從事運動、鍛鍊雙腳。

對於這雙不得不鍛鍊的腳，各位了解多少呢？大腿肌肉如何運作？臀部肌肉有什麼功用？爬樓梯很吃力是因為腳的哪個部位衰退？小腿和腳底的肌肉又有什麼功能？這些你都了解嗎？

當然，我們不必像專家那樣清楚。但若是能多了解雙腳，一定會更有動力運動。運動時也能**確實理解所刺激的肌肉部位**，採取更正確的姿勢鍛練。

深入了解雙腳後，還能判斷自己雙腳的哪個部位衰退了。只要知道哪個部位衰退，就會更加專注能練到該部位的運動，也更容易持之以恆。

下頁起將逐一介紹腳的肌肉。雖然可能會出現一些不好記的肌肉名稱，但並不是非得記住才行。希望藉此能讓你對支撐自己身體的雙腳產生興趣。

一旦產生興趣，訓練起來就能更樂在其中，等到鍛鍊的部位變強壯，肌肉量真的增加了，獲得的成就感也會更大。

對於那些無法持續運動、不擅長運動，或者沒有運動經驗的人，更是需要認識雙腳。

# 腳部肌肉分布圖

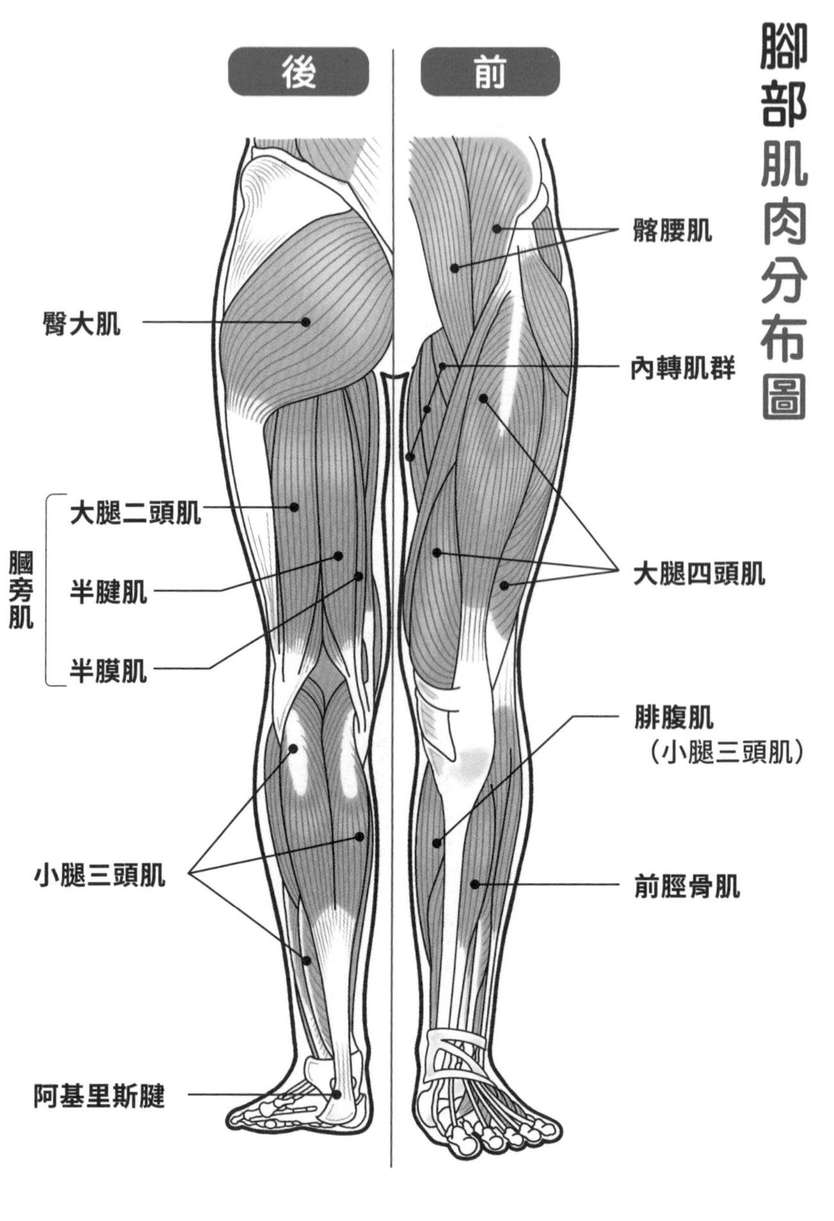
後
前
髂腰肌
臀大肌
內轉肌群
大腿二頭肌
膕旁肌
半腱肌
大腿四頭肌
半膜肌
腓腹肌
（小腿三頭肌）
小腿三頭肌
前脛骨肌
阿基里斯腱

## 側面

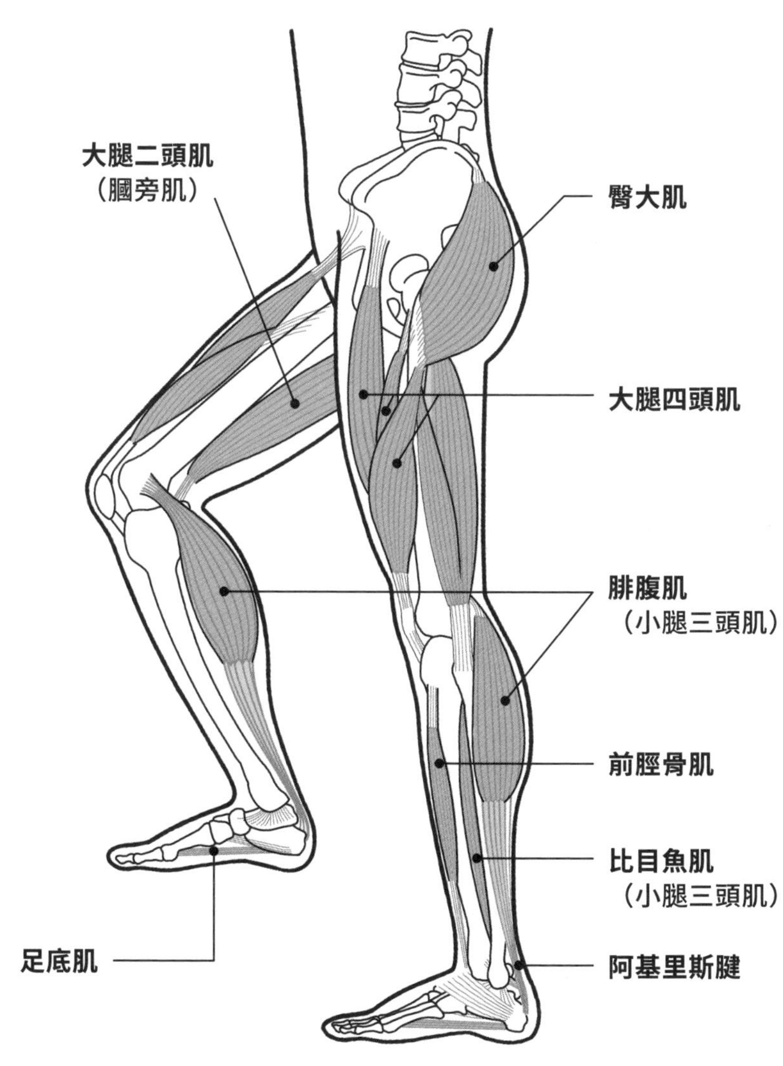
大腿二頭肌
(膕旁肌)
臀大肌
大腿四頭肌
腓腹肌
(小腿三頭肌)
前脛骨肌
比目魚肌
(小腿三頭肌)
足底肌
阿基里斯腱

# 大腿四頭肌

## 大腿前側的大肌肉群，與股關節及膝蓋的動作有關

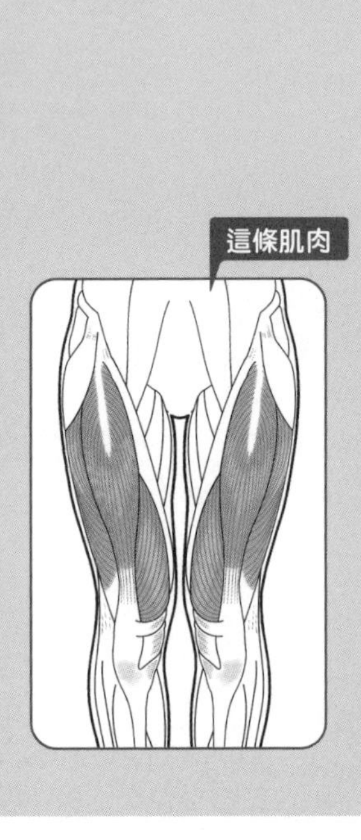


大腿肌肉大致可分為前面、後面、內側等三個肌肉群。前面的肌肉群稱為大腿四頭肌。大腿四頭肌並不是單一肌肉，而是外側廣肌、內側廣肌、中間廣肌、大腿直肌等四種肌肉的總稱。

即便不看肌肉圖，只要實際往大腿前端摸摸看，應該可以想像得到大腿四頭肌是片非常大的肌肉。一旦大腿四頭肌衰退、縮水，基礎代謝率也會隨之下滑，變成易胖體質。

此外，大腿四頭肌也是執行站立行走等動作，耗費許多熱量的肌肉。所以大腿四頭肌越大的人越不容易胖。

大腿四頭肌是支持下半身的重要肌肉。外側廣肌、內側廣肌及中間廣肌從大腿骨經過膝蓋骨，一直延伸到脛骨，是主導膝蓋伸展的肌肉。腳指朝內或朝外時，外側廣肌和內側廣肌也分別做出不少貢獻。

**平常從椅子上起身，以及走路向前擺腿都會用到大腿四頭肌**。一旦大腿四頭肌衰退，做這些動作就會出現障礙。**大腿四頭肌也是支撐膝關節的肌肉，所以大腿四頭肌肌力不足時，膝關節當然會變得不穩定**。膝關節不穩定的話，膝蓋就容易受傷；而在這種隨時都要擔心膝蓋的情況下，運動的動力也會變得越來越低，所以必須特別留意才行。

**如果覺得膝蓋作痛，伸展膝蓋和抬高大腿時很吃力或不順暢，大腿四頭肌極有可能已經衰退了**。

從椅子或沙發上起身不像年輕時那麼輕鬆，爬樓梯也很費力，這些都是明顯衰退的警訊。

練腳看這裡　等級★☆☆ ↓64頁 ＞ 等級★★☆ ↓68頁 ＞ 等級★★★ ↓72頁

# 膕旁肌

## 大腿內側的大肌群，不易鍛鍊且容易衰退

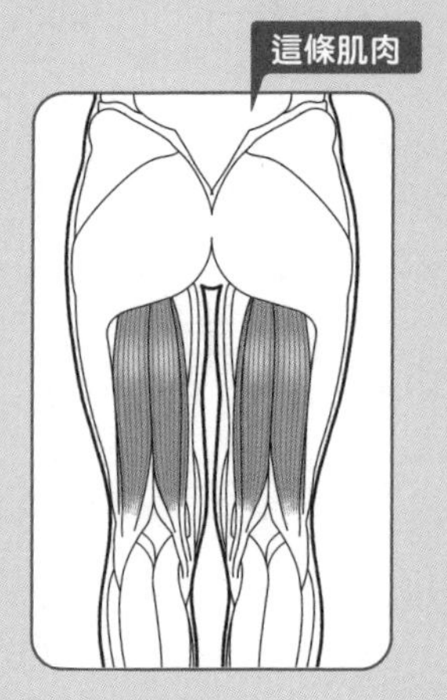


位於大腿後方、大腿四頭肌內側的肌肉群稱為膕旁肌。膕旁肌也非單一肌肉，而是大腿二頭肌、半腱肌、半膜肌等三種肌肉的總稱。

看名稱或許就猜得到，大腿二頭肌的起始點分成兩個部分。一個是骨盆的坐骨結節，另一個則是大腿骨。大腿二頭肌從這兩處越過膝關節，一直延伸到腓骨，是膕旁肌中最外側的肌肉。至於半膜肌，則位於半腱肌下層，兩者從骨盆的坐骨結節延伸至脛骨。

這些統稱為膕旁肌的肌肉，都跟股關節和膝關節的動作有關，它們是主導膝蓋彎曲和股關節伸展的肌肉，與大腿四頭肌的功能完全不同。**跑步或行走時向後面蹬腳，**

**以及將小腿肚往臀部拉提，這些動作膕旁肌都參與了不少。**

膕旁肌跟大腿四頭肌一樣都屬於大肌肉群。膕旁肌衰退時，基礎代謝率也會大幅減少。鍛鍊膕旁肌不僅容易瘦下來，也能有效養成不易胖的體質。

跟日常生活中經常耗費大量力氣的大腿四頭肌不同，**膕旁肌是很容易衰退的肌肉**。如果平常很少運動，大腿四頭肌和膕旁肌的肌力差距將變得越來越大。一旦某天突然施加運動等高強度的負荷時，膕旁肌往往就會拉傷或撕裂。

有些人可能隔了好久再踢業餘足球，或是在孩子的運動會上跑接力賽時就拉傷了膕旁肌。會這樣的原因多半跟年齡增長無關，而是膕旁肌衰退的緣故。

練腳看這裡
等級★☆☆ ↓64頁
等級★★☆ ↓68頁
等級★★★ ↓72頁

# 臀大肌

## 要維持骨盆穩定，臀部肌肉不可或缺

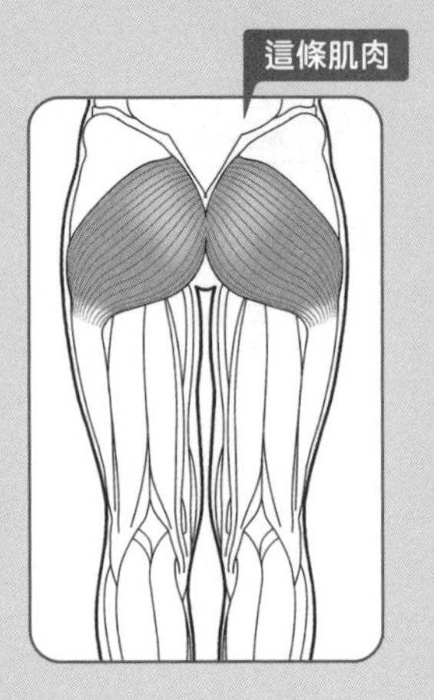


臀部肌肉由臀大肌、臀中肌、臀小肌等三種肌肉構成。其中最大、位於最表層的為臀大肌。

臀大肌從髂骨、薦骨和尾骨起始，一直延伸至大腿骨和髂脛韌帶。主要主導大腿後擺（股關節伸展）的動作，也跟股關節外旋、外轉、內轉等動作有關。平常**踩腳踏車踏板、跳躍、蹬地奔跑和爬樓梯時，臀大肌都出了不少力氣**。那些像是仰賴爆發力的短跑選手和自行車賽選手，他們的臀大肌就十分發達。

臀大肌也有支撐骨盆、保持良好姿勢的功能。換句話說，**臀大肌的衰退，與骨盆不穩定及姿勢惡化息息相關**。

由於臀大肌本身是大肌肉，因此可藉由鍛鍊增肌來提升基礎代謝率。而且鍛鍊臀大肌還有讓臀部變翹的效果，在意臀部下垂的人請務必鍛鍊看看。

臀中肌是從髂骨延伸至大腿骨的肌肉，位於臀大肌外側深層，大部分都被臀大肌包覆著。臀小肌則位於更深層的地方，跟臀中肌同樣從髂骨（起始位置比臀中肌更低）延伸至大腿骨。

臀中肌和臀小肌基本上功能相同，都是主導大腿的橫向移動（股關節外轉），也跟股關節的外旋和內旋有關。

平常**單腳站立保持平衡時，是臀中肌在支撐骨盆**。至於運動方面，臀中肌則是在溜冰橫向蹬腿時發揮作用。

行走、奔跑、上下樓梯，雖然日常生活中需靠單腳站立的時間很短，次數卻相當頻繁。一旦臀中肌和臀小肌衰退，做這些動作都會變得不穩定。

練腳看這裡 等級★☆☆ ↓64頁 〉 等級★★☆ ↓68頁 〉 等級★★★ ↓72頁

# 髂腰肌

## 久坐的人，髂腰肌非常容易衰退

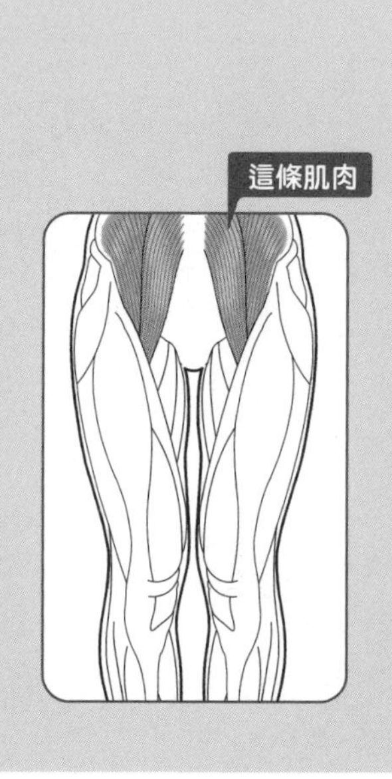


腰大肌從腰椎開始，經過髂骨內側延伸至大腿骨內側。髂骨肌則從髂骨內側表面開始，與大腿骨內側相連。腰大肌和髂骨肌這兩條肌肉同樣匯集在大腿骨，所以又合稱髂腰肌。

**在走路抬腿的過程中，髂腰肌扮演了重要角色**。尤其必須抬高大腿上樓梯或跨過什麼東西時，髂腰肌更是起了很大的作用。在運動場上，髂腰肌則是與奔跑、踢球等動作關係匪淺。學生時期曾加入運動社團的人可能已經很熟悉了，其實提膝（抬腿）就是在鍛鍊髂腰肌。髂腰肌可發揮強大的力量，對於股關節屈曲動作的貢獻度很高，深深影響著運動員的表現。

此外，連接腰椎與大腿骨的髂腰肌，更具備了**上下半身連動**的重要功能。站立或行走時，髂腰肌必須充分運作才能維持正確的姿勢。

髂腰肌也是一條平常不運動就很容易衰退的肌肉。根據二〇一一年澳洲研究機構的調查，**日本是世界第一久坐的國家**，平均一天有七小時都是坐著的。

由於坐在椅子或沙發上時幾乎不會用到髂腰肌，沒有運動習慣又長期居家上班的人，髂腰肌極有可能已經在不知不覺間衰退。

常穿涼鞋或拖鞋的人也要小心。涼鞋和拖鞋無法包覆腳跟，穿著它們走路自然會拖著步伐。**拖著腳行走的話幾乎用不到髂腰肌**。為了避免髂腰肌衰退，最好還是選擇運動鞋或有跟的室內鞋。

練腳看這裡
等級★☆☆ ↓64頁
等級★★★ ↓72頁

# 內轉肌

## 高齡者常見的O型腿，其實是內轉肌群衰退造成的

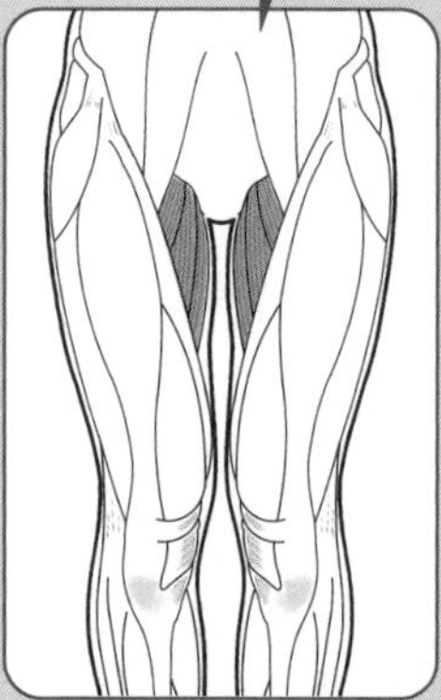

大腿內側的肌肉群總稱為內轉肌。內轉肌群有薄肌、大內轉肌、長內轉肌、恥骨肌、短內轉肌等等。薄肌從恥骨延伸至脛骨，與股關節和膝關節動作有關。大內轉肌從恥骨和坐骨延伸至大腿骨，是內轉肌群中最大的肌肉。長內轉肌位於大內轉肌前側，而恥骨肌位於髂腰肌內側，是內轉肌群中位置最高的肌肉。短內轉肌則位於恥骨肌和長內轉肌深層。

從名稱來看，可以想見內轉肌群的主要功用是股關節的內轉動作。平常**併膝起立，以及避免走路外八時都會用到**。在足球場上用足弓踢球、騎馬時用腳夾住馬身，還有游蛙式踢水時也很常使用。

雖然並非主要功能，但內轉肌群也同時輔助行走奔跑時腿部的搖擺動作。要穩定骨盆和股關節絕不能少了內轉肌群。

可能不盡然都如此，然而一旦內轉肌群衰退，支撐股關節的肌肉將會失去平衡，容易變成O型腿。**高齡者O型腿特別嚴重，這跟內轉肌群衰退有很大關係**。

O型腿不但不好看，還會對股關節、膝蓋、腳踝等關節造成負擔，導致變形或疼痛，必須特別留意。

坐在椅子上時膝蓋會自然打開、很難維持併攏的人，內轉肌群很可能已衰退了。如果你有O型腿、膝蓋痛等毛病，或是活動股關節時有困難，原因可能就出在內轉肌群的衰退。

**除了平常站立行走時小心避免外八，居家上班或坐在電車、公車座椅上時，也要把膝蓋併攏**。光是徹底執行這點，也能預防內轉肌群衰退。

練腳看這裡　等級★☆☆↓64頁　等級★★☆↓68頁　等級★★★↓72頁

# 前脛骨肌

## 小腿肌肉衰退時，走路會容易絆倒

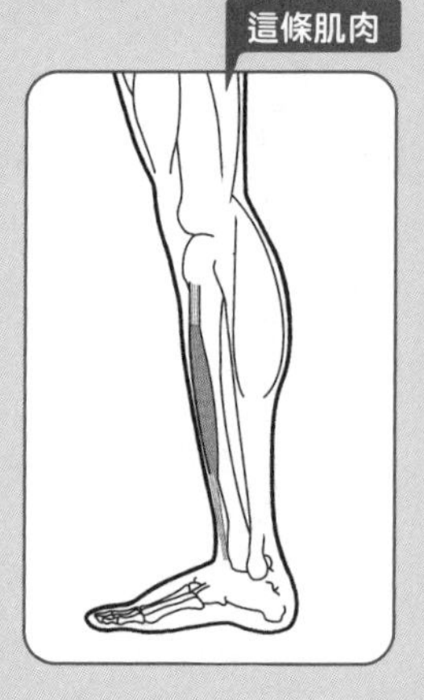


位於小腿外側的前脛骨肌，除了主導抬起腳尖的動作（足關節的背屈）外，也跟小腿肚上互為相反功能（拮抗肌）的小腿三頭肌共同支撐著足關節。

雖然平常幾乎沒意識到，但**人行走時，會自然而然地抬起腳尖**。

跑步的人經常面臨的一項傷害，便是名為前脛骨症候群（Shin splints）的脛骨痛。原因當然很多，不過跑步時過度使用小腿肌肉，也會引發前脛骨症候群。

既然跑步行走會常使用前脛骨肌，平常不太走路的人，前脛骨肌當然容易衰退。此外，長時間穿著高跟鞋的女性也要特別留意。

試想，穿著高跟鞋的時候，腳跟總是維持朝下的狀態對吧？前脛骨肌的功能是抬起腳尖，因此**穿著高跟鞋走路幾乎用不到前脛骨肌**。

一旦前脛骨肌衰退，走路時就會比想像中更難抬起腳尖，導致腳尖容易踢到地面，因而絆倒摔跤。

不要覺得絆到腳沒什麼大不了的。由於**高齡者的平衡能力和骨質密度下降，即便稍稍絆到腳也有可能摔個大跤，造成頭部撞擊或腳骨折之類的重傷**。

如果你發現自己容易絆倒，那就是前脛骨肌衰退的警訊。趁著還沒受重傷之前，趕緊鍛鍊前脛骨肌吧。僅僅是增加日常步行距離，也足以預防前脛骨肌衰退。

練腳看這裡
等級★☆☆ ↓66頁 〉 等級★★☆ ↓70頁 〉 等級★★★ ↓74頁

# 小腿三頭肌

## 小腿肚是堪稱第二顆心臟的重要部位

這條肌肉

小腿肚的肌肉群稱為小腿三頭肌，是腓腹肌和比目魚肌這兩種肌肉的總稱。腓腹肌從大腿骨延伸至腳跟，橫跨膝關節及足關節。除了跟比目魚肌共同主導腳尖下擺的動作（足關節的底屈）外，腓腹肌也跟屈膝動作有關。比目魚肌則從腓骨延伸至腳跟，大部分為腓腹肌所包覆。

**行走、跑步及蹬地時都會用到小腿三頭肌。平常踮腳拿取高處的物品時，小腿三頭肌也發揮了很大的作用。**

前頁提到，前脛骨肌衰退時會變得很難抬起腳尖，而容易絆倒。其實小**腿三頭肌的衰退也跟絆倒息息相關**。

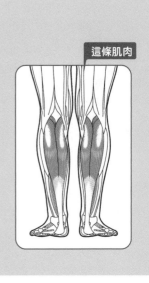

小腿三頭肌是前脛骨肌的拮抗肌。前脛骨肌收縮，小腿三頭肌便伸展；前脛骨肌伸展，小腿三頭肌便收縮。肌肉不用的話，不僅肌肉量會減少，肌原纖維也會變短。由於肌肉兩端附著在骨頭上，一旦肌原纖維變短，關節就會變得難以活動，即俗稱的「身體變僵硬」。即便前脛骨肌收縮了，這時也會因為小腿三頭肌僵硬，而無法順利抬起腳尖。

此外，小腿肚也有人體第二顆心臟的稱呼，對血液流動影響至深。心臟送出血液，將養分和氧氣運輸至全身各個角落後，血液必須再度回到心臟。這時扮演要角的即是**小腿三頭肌的肌肉幫浦作用，又稱擠乳作用（Milking action）**。使用小腿三頭肌時，血管會被肌肉收縮與鬆弛交互擠壓，讓血液得以順利推回心臟。

一旦肌肉幫浦作用效果不彰，血液循環也會變差。

除了維持肌肉量外，為了使血液循環順暢，每天都要有意識地活動小腿三頭肌，這點十分重要。

練腳看這裡

等級★☆☆ ↓66頁 ＞ 等級★★☆ ↓70頁 ＞ 等級★★★ ↓74頁

# 足底肌

## 腳底肌肉衰退時，走路會變得很吃力

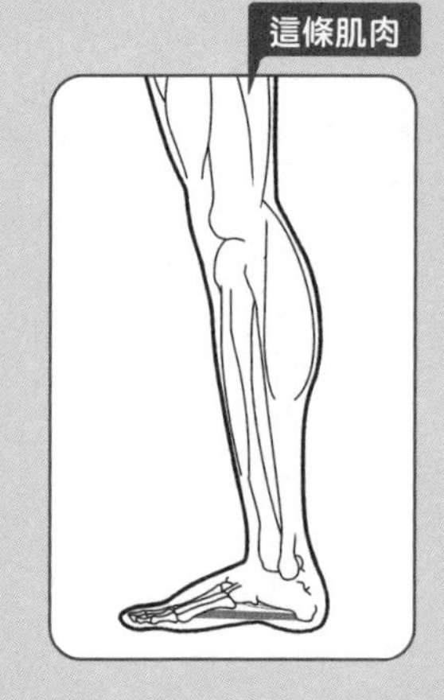


腳由二十六塊骨頭構成，而腳底有屈足拇短肌、屈小指短肌、外展足拇肌、內收足拇肌等許多肌肉，這些肌肉統稱為足底肌群。

此外，腳底還有從腳跟擴展至腳指根部的膜狀腱組織，名叫足底筋膜。

腳底有三個足弓，分別是腳底外緣的外側縱弓、拇指根部到腳跟的內側縱弓，以及拇指根部到小指根部的橫弓。

當雙腳觸地行走、承受負重時，這三個足弓可緩和並吸收著地衝擊，減輕足關節、膝關節及股關節的負擔。簡單來說就是類似緩衝墊的效果。

腳離地時，足弓會再次成形，準備因應下一次的著地。而維持足弓彈性的，就是足底筋膜。

一旦腳底肌肉衰退失去柔軟性，足弓將難以維持，因而**無法緩衝腳著地的衝擊，加重足關節、膝關節及股關節的負擔**。除了緩衝衝擊外，足弓還能發揮彈力，產生步行時的推進力。足弓崩塌，就等於是失去了推進力。失去緩衝和推進力後，走路自然會變得容易累而費力。

為了維持足弓，平時必須經常走路。不過也不是光走路就行了。穿著高跟鞋或過緊的皮鞋走路，腳底肌肉是無法發揮作用的。

**增加打赤腳的時間，也能有效鍛鍊腳底**。

練腳看這裡 等級★☆☆↓66頁 〉 等級★★☆↓70頁 〉 等級★★★↓74頁

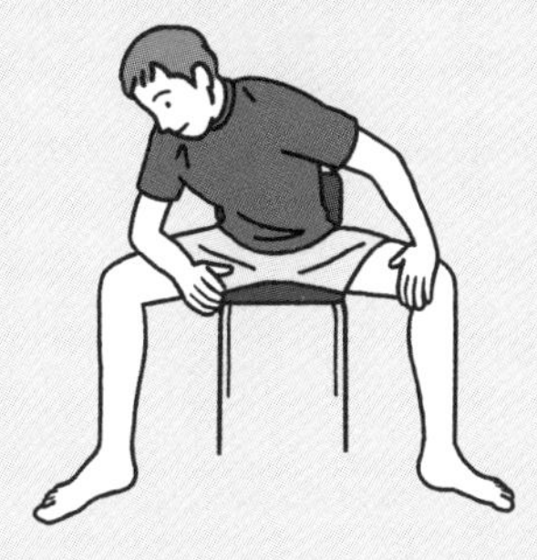

# 終極版練腳菜單

## 訓練進行方式

### 基本清單

每天做完各種〔膝上／膝下練腳〕，
以及〔膝上／膝下伸展〕

### 簡易清單

〔膝上練腳／伸展〕，〔膝下練腳／伸展〕，
兩者間隔一天交替進行。

- 除了打赤腳的訓練外，建議一律穿著室內鞋進行。（穿襪子和拖鞋有打滑的危險）
- 過程中若有任何疼痛，請先尋求醫生診斷。
- 醫生要求限制運動者請勿進行。

# 膝上練腳 1 抬腿

可鍛鍊到的肌肉
↓
大腿四頭肌・膕旁肌・臀大肌・臀中肌・髂腰肌・內轉肌

等級★☆☆

1 站在椅子前，雙腳打開與骨盆同寬。一腳往後跨一大步，一手扶著牆壁保持平衡。

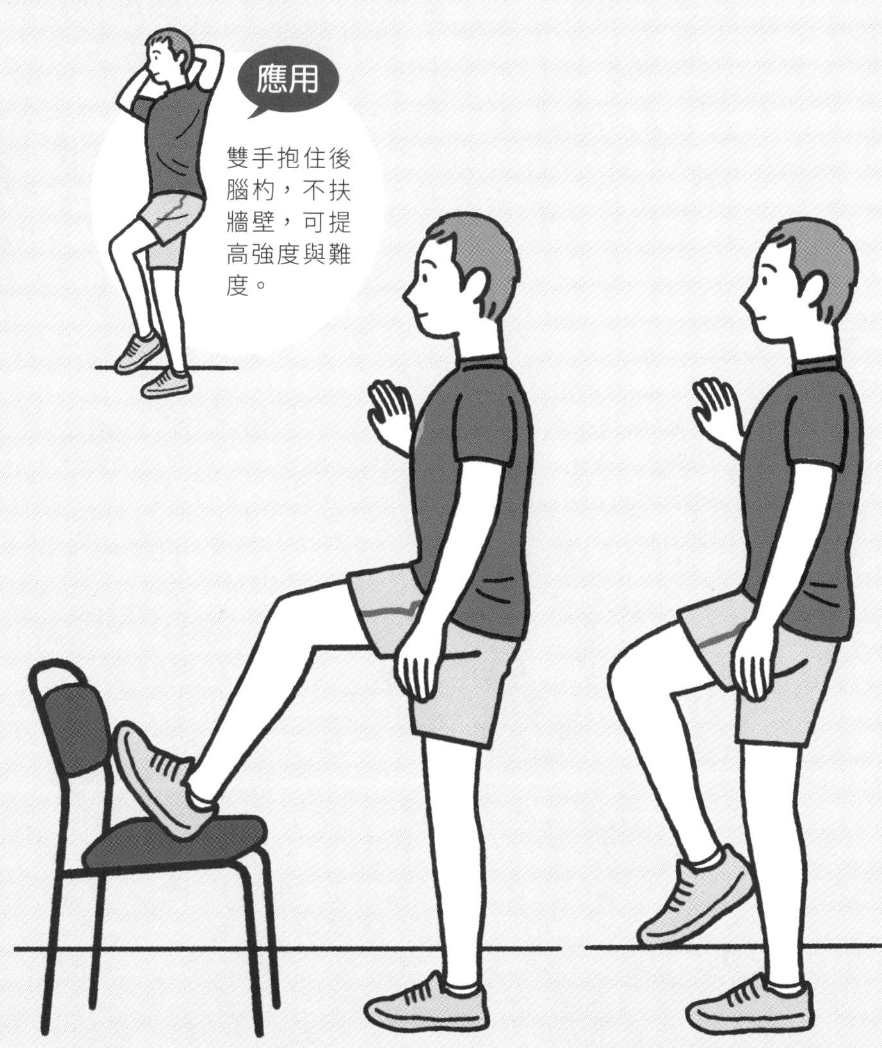

應用
雙手抱住後
腦杓，不扶
牆壁，可提
高強度與難
度。


2 將後腳移向前方，抬起膝蓋。

3 腳跟碰觸椅面。用三秒完成到目前為止的動作。

4 用三秒回到原位。每組二十次，目標兩到三組。另一邊也要做。

# 膝下練腳 1

## 抬腳尖&踮腳尖

可鍛鍊到的肌肉
↓
前脛骨肌・小腿三頭肌・足底肌

等級★☆☆

（椅子版本）

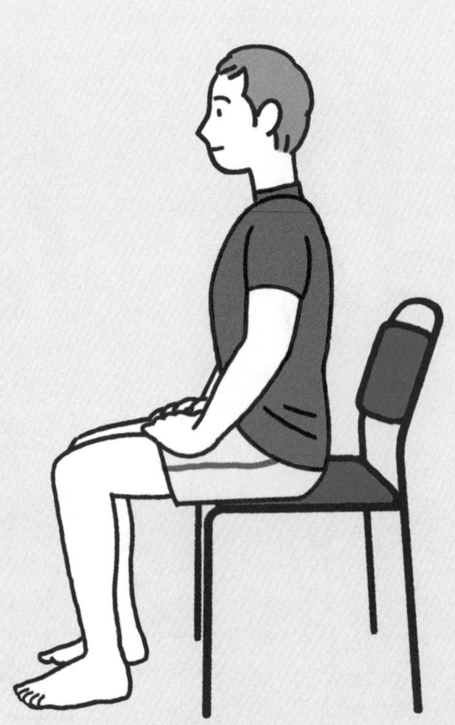

1 光腳坐在椅子上，雙腳打開與骨盆同寬。膝蓋呈九十度，挺直背脊，雙手放在大腿上。

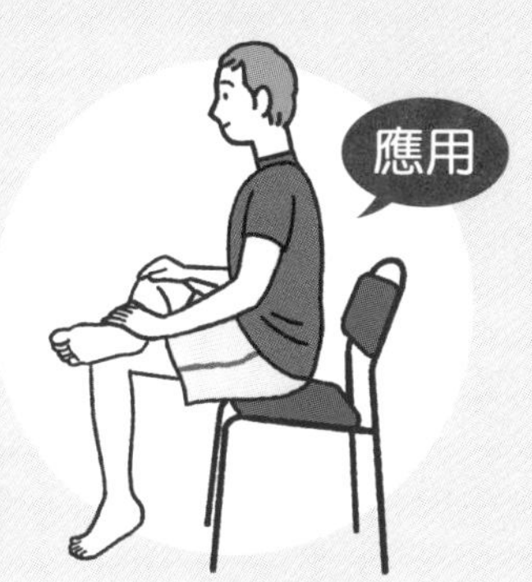


如圖所示，將其中一隻腳放在腿上，雙腳分別進行，可稍微提高強度。

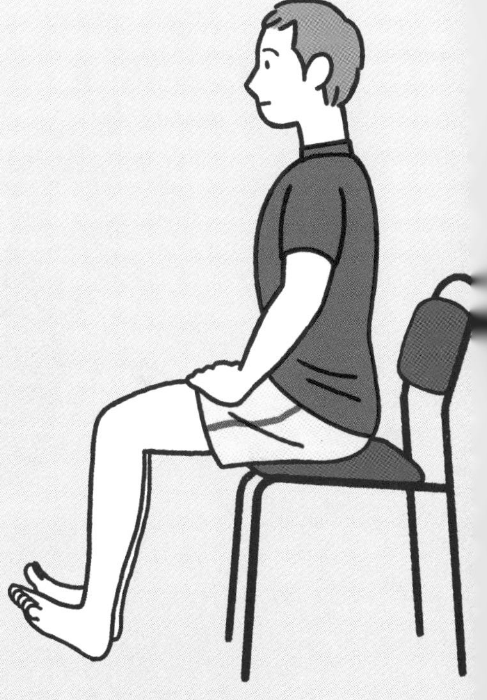

2 用一秒彎曲腳踝，抬起腳尖。注意腳跟不能離地。用一秒回到原位。

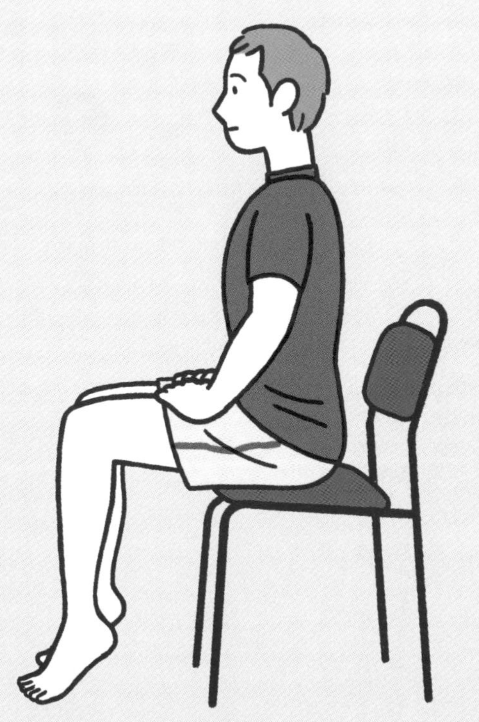

3 用一秒伸展雙腳腳踝，踮起腳尖。過程中腳尖始終碰地。再用一秒回到原位。每組二十到三十次，目標兩到三組。

# 膝上練腳 ❷ 單腳起立

可鍛鍊到的肌肉
↓
大腿四頭肌・膕旁肌・臀大肌・臀中肌・內轉肌

等級★★☆

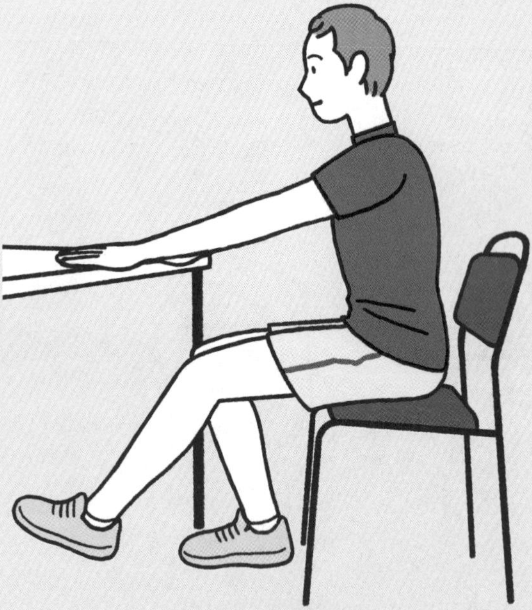

1 輕輕坐在椅子上，雙腳打開與骨盆同寬。雙手扶著桌子，一腳離地。

雙手交疊胸前，不扶桌子，
可提高強度及難度。

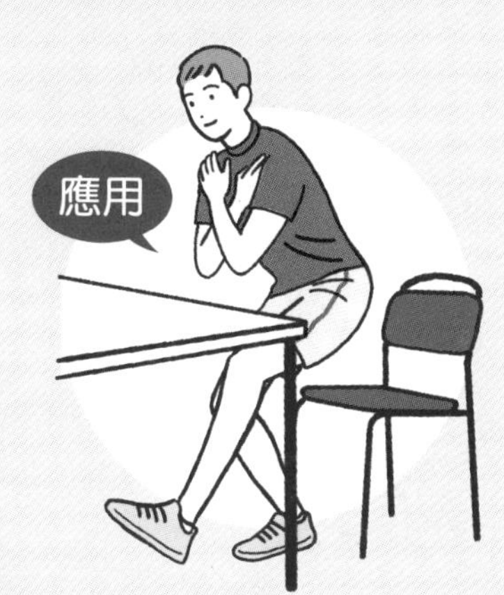


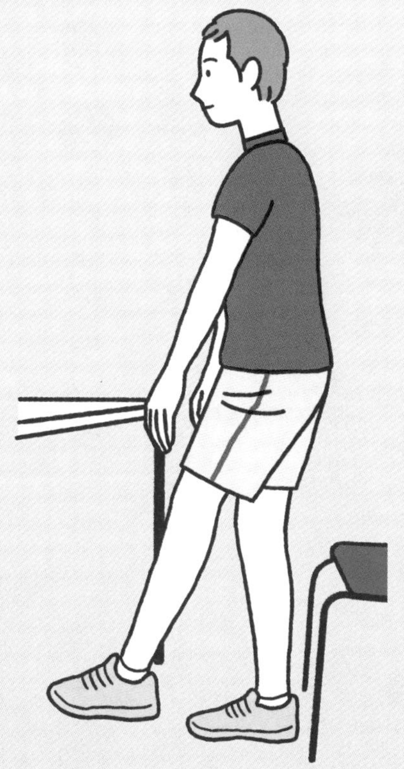

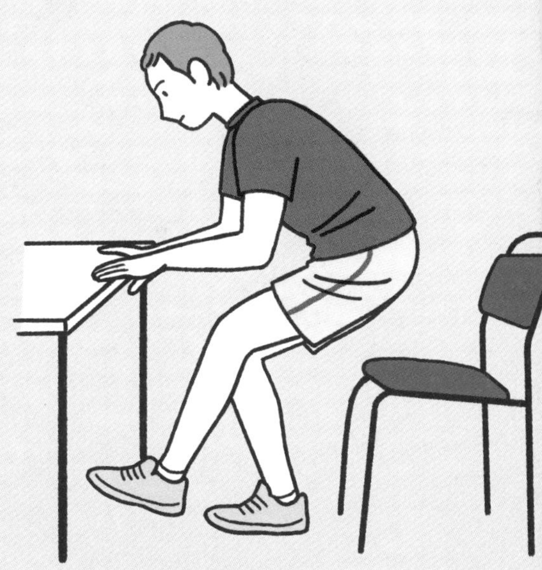

3 直立後靜止一秒，再用四秒回到原位。每組二十到三十次，目標兩到三組。另一邊也要做。

2 在四秒的時間內，僅靠單腳的力量起立。雙手用來保持平衡。

# 膝下練腳 2

## 抬腳尖&踮腳尖

可鍛鍊到的肌肉
↓
前脛骨肌・小腿三頭肌・足底肌

等級★★☆

（站立版本）

1 光腳站立，雙腳打開與骨盆同寬。
雙手抓著椅背，用一秒抬起腳尖。

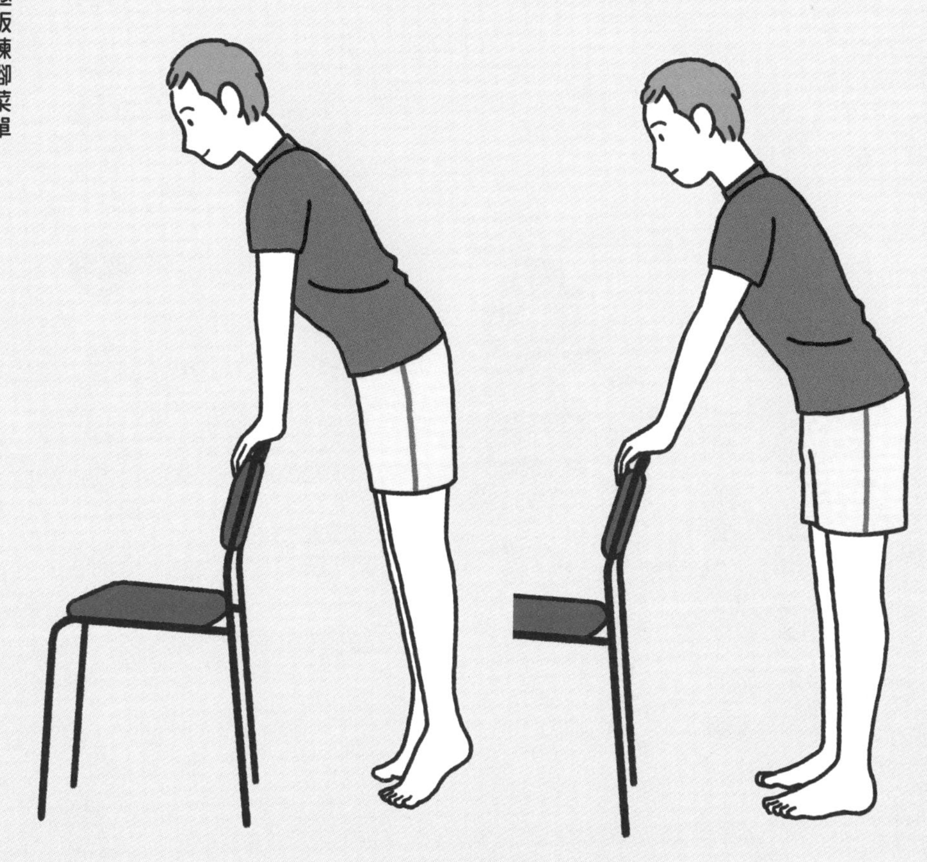

3 接著用一秒抬起腳跟，再用一秒放下，腳掌完全貼地。每組二十到三十次，目標兩到三組。

2 用一秒放下雙腳腳尖，腳掌完全貼地。

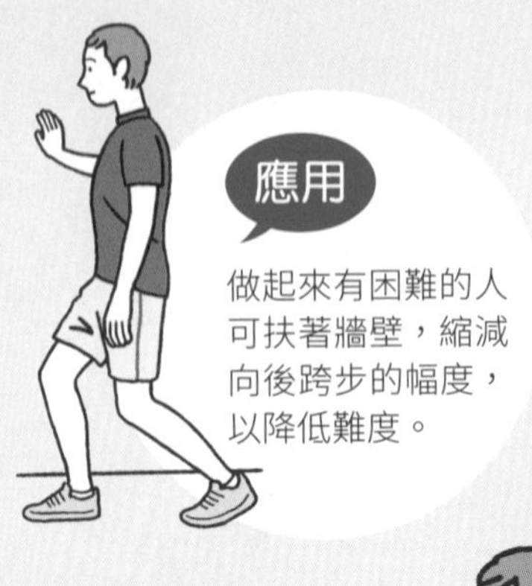

應用
做起來有困難的人
可扶著牆壁，縮減
向後跨步的幅度，
以降低難度。


# 膝上練腳 3 弓步提膝

可鍛鍊到的肌肉 ↓ 大腿四頭肌・膕旁肌・臀大肌・臀中肌・髂腰肌・內轉肌

等級 ★★★

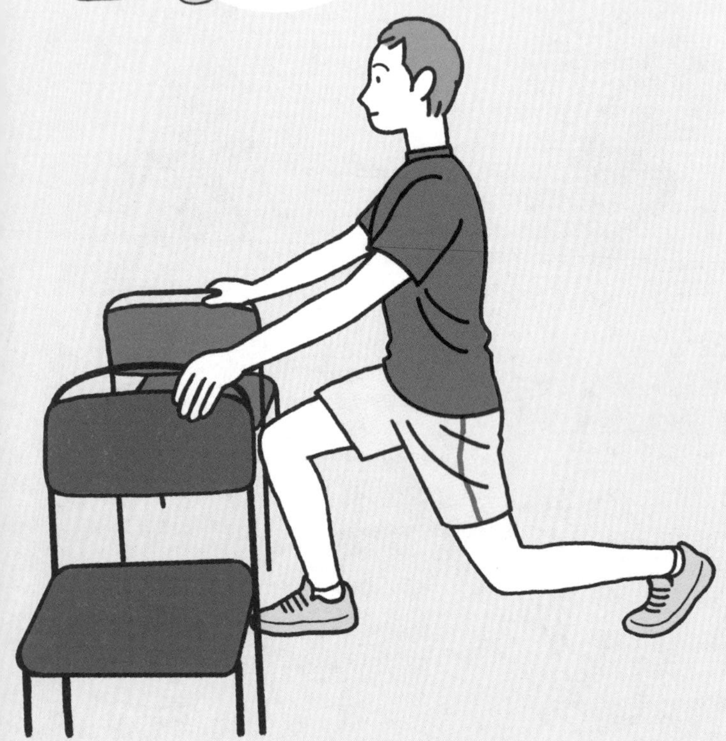

1 準備兩張椅子。雙腳打開與骨盆同寬，雙手抓著椅背。一腳往後跨一大步，前腳膝蓋呈九十度。

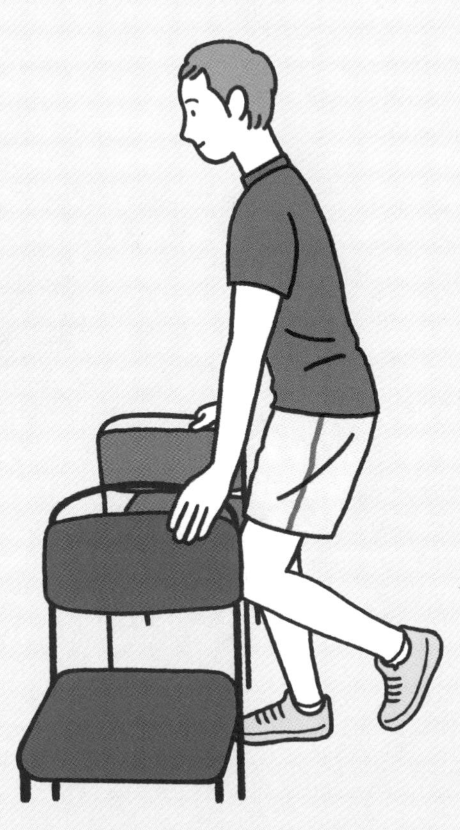

2 一邊保持平衡，將後腳帶到前方，緩緩抬起膝蓋。

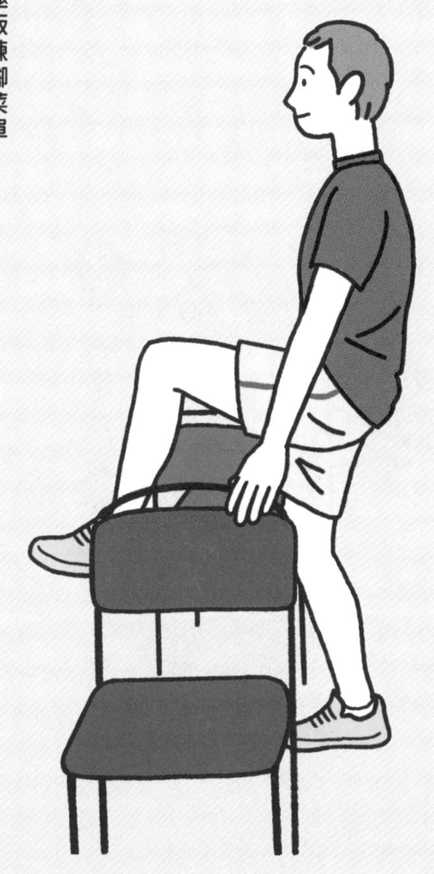

3 用四秒將膝蓋抬至大腿與地面平行的高度，停止兩秒。

4 用四秒回到原位。每組二十次，目標兩到三組。另一邊也要做。

## 膝下練腳 3 抬腳尖&踮腳尖+深蹲

等級 ★★★

可鍛鍊到的肌肉
↓
前脛骨肌・小腿三頭肌・足底肌

（站立版本）

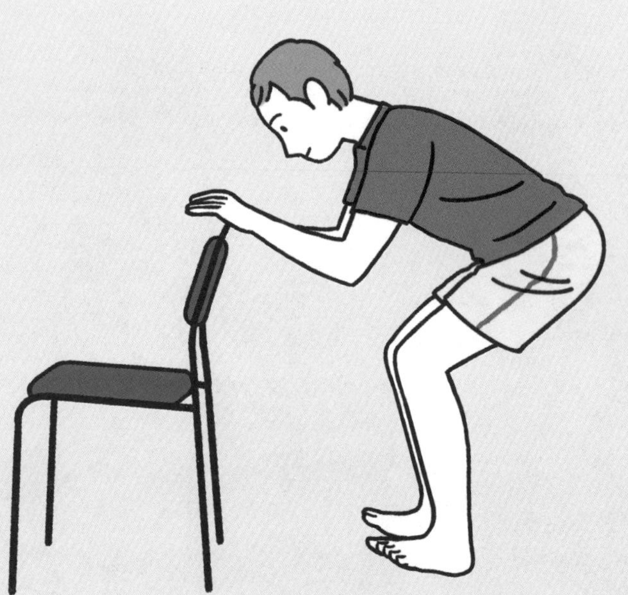

1 光腳站在椅子前，雙腳打開與骨盆同寬。雙手抓著椅背，膝蓋彎曲，抬起腳尖。

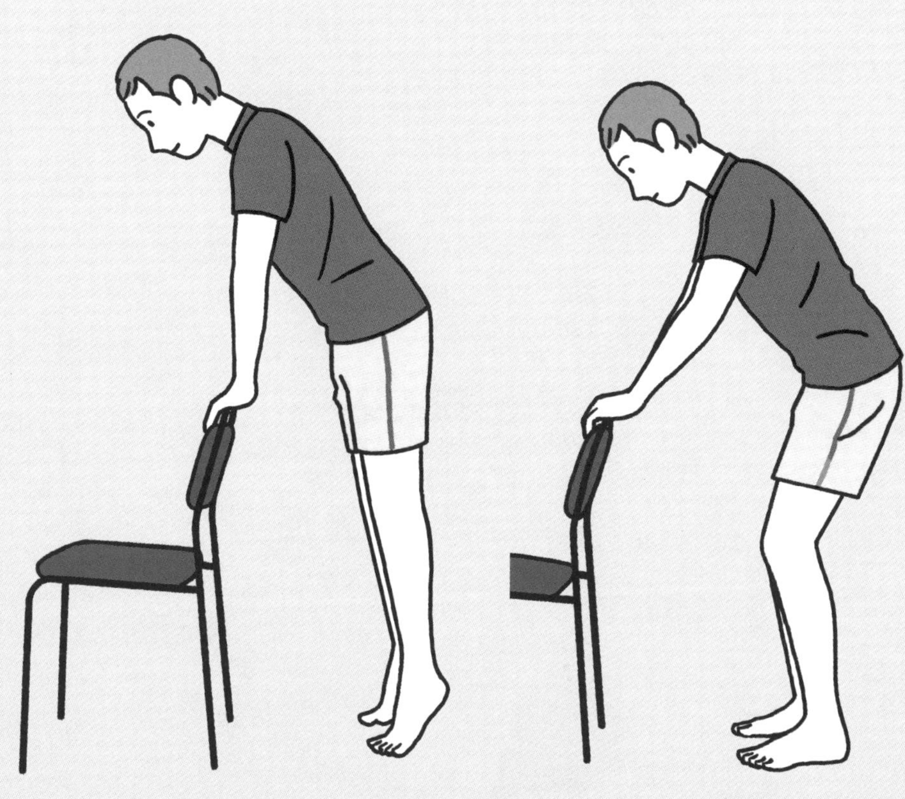

2 用兩秒放下腳尖，打直膝蓋。

3 接著用兩秒踮起腳尖，再用兩秒放下，繼續用兩秒屈膝抬腳尖。每組二十次，目標兩到三組。

# 膝上伸展

※每種伸展動作皆做三十秒，反覆兩到三次。當然，兩邊都要做。

## ● 大腿四頭肌、髂腰肌

一邊臀部靠坐在椅面上，同側手抓著椅背保持平衡。另一手抓著另一腳的腳背，膝蓋往後方垂放，使腳跟靠近臀部。

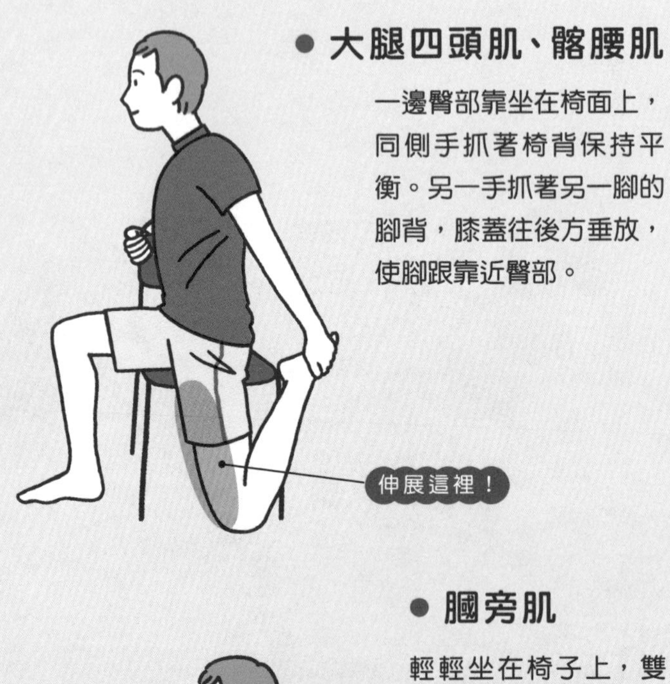


## ● 膕旁肌

輕輕坐在椅子上，雙腳打開與骨盆同寬。一腳往後跨一大步，一手扶牆壁保持平衡。

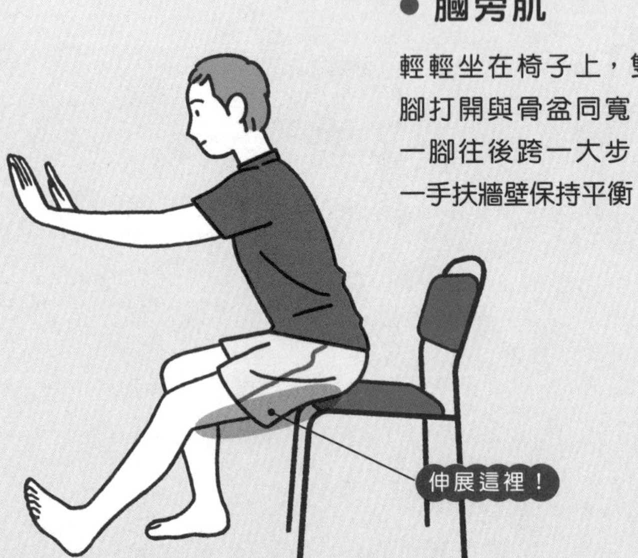

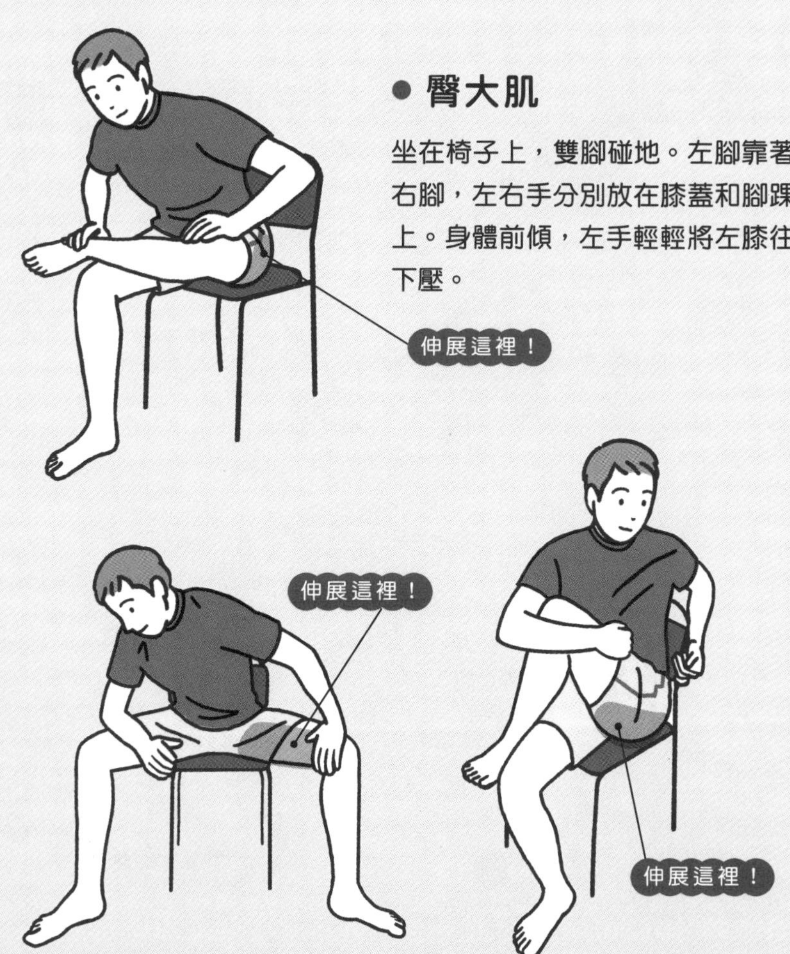


## ● 臀大肌

坐在椅子上，雙腳碰地。左腳靠著右腳，左右手分別放在膝蓋和腳踝上。身體前傾，左手輕輕將左膝往下壓。

## ● 內轉肌

輕輕坐在椅子上，雙腳大大地張開。左手抓著左膝內側往外推，身體向右扭轉。

## ● 臀中肌

坐滿椅面，雙腳碰地。抬起一腳，移至另一腳的外側，腳放在椅面上。另一手抱住抬起來那隻腳的膝蓋，往胸口拉，扭轉身體。

# 膝下伸展

※每種伸展動作皆做三十秒，反覆兩到三次。當然，兩邊都要做。

## ● 小腿三頭肌

站在椅子前，雙腳打開與骨盆同寬。雙手抓著椅面，一腳向後跨一大步。腳跟確實碰地，身體前傾，伸展後腳的膝蓋。

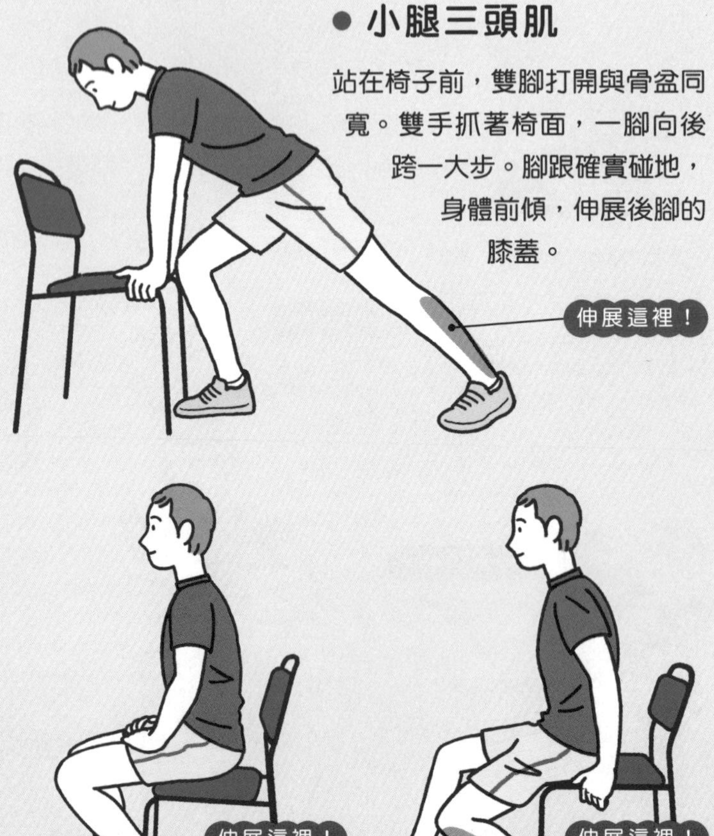


## ● 足底肌

坐在椅子上，雙腳碰地。一腳移往椅面下方，腳指指腹碰地，用腳尖乘載體重。

## ● 前脛骨肌

輕輕坐在椅子上，雙手抓著椅面保持平衡。一腳移往椅面下方，使腳背碰地。伸展腳踝，想像用腳背推地面。

# 第2章

# 勤練腳，
# 病痛就不來

# 腳力衰退，小心↓「糖尿病」

練腳看這裡↓128頁

糖尿病是日本人的國民病。根據厚生勞動省公布的資料，包含潛在患者在內，推算全國大約有二千萬人罹患糖尿病。

二〇二〇年公布的「國民健康營養調查」顯示，二十歲以上男性疑似罹患糖尿病者占19．7%，女性占10．8%。**也就是說，成年男性每五人之中極可能有一人罹患糖尿病，成年女性則是每十人之中極可能有一人罹患糖尿病**。

此外，疑似罹患糖尿病者的比例也與年齡息息相關。年紀越大，比例越高（請見左頁圖表）。

單就數字來看，隨著年齡增長，罹患糖尿病的風險越高。或許有人會以為年紀大了就容易得糖尿病，**其實糖尿病大多是攝取過多熱量、缺乏運動等生活習慣造成的**。

換言之，糖尿病可透過練腳加以預防。

## 「疑似罹患糖尿病者」的比例

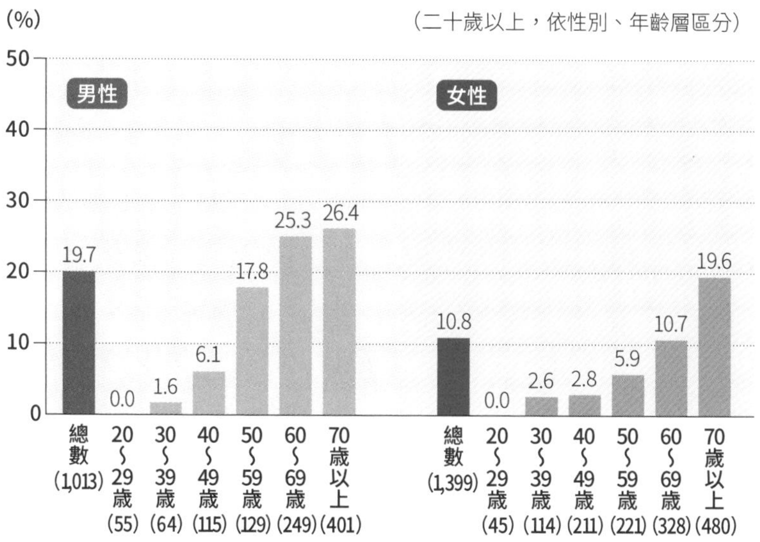


## 「疑似罹患糖尿病者」的歷年比例變化

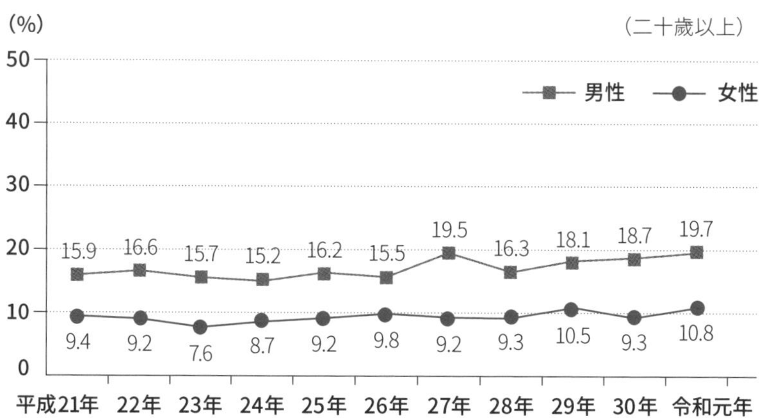


出處：令和元年「國民健康營養調查」（厚生勞動省）

糖尿病是一種名叫胰島素的激素分泌不足，或是未能有效利用，導致身體無法充分抑制血糖上升，因此長期處於高血糖狀態。

糖尿病大致分為一型和二型兩種。一型糖尿病是因為自體免疫疾病等問題，使得胰臟的胰島素分泌細胞受損，嚴重缺乏胰島素所致。一型糖尿病多半在孩童時期發病，與生活習慣無關。

日本的糖尿病患者多半為二型糖尿病。除了血糖容易升高的體質外，攝取過多熱量、缺乏運動、肥胖、壓力、高齡等因素也會造成胰島素分泌不足或功能不全，因而罹患二型糖尿病。二型糖尿病大多在中老年發病，不過受環境和飲食習慣變化等影響，近年來也有越來越多年輕人罹病。

## ▲日本人容易有飯後高血糖的症狀

公司企業例行的健康檢查，就能得知自己是否患有糖尿病。「空腹血糖值」和「HbA1c（糖化血色素）」都是健康檢查的檢測項目。如同字面所述，空腹血糖值即為空腹狀態下的血糖值。HbA1c則代表與葡萄糖結合的血色素比例，反映了檢查前一到兩個月間的平均血糖值。這兩項數值超標者即為糖尿病的高風險群，嚴重超標者則確定罹患糖尿病。即便在基準值以內，數值偏高的人也不能大意，應重新審視健康檢查的結果。

相對於歐美人多有空腹時高血糖的問題，**日本人則是容易出現飯後高血糖的症狀**。即便空腹時的血糖值正常，只要飯後血糖超標，即為罹患糖尿病的高風險群，對血管當然也會造成傷害。

健康檢查自費項目中，**「75 g口服葡萄糖耐糖試驗」**可檢測飯後血糖值上升了多少，建議擔心罹患糖尿病的人檢查看看。

糖尿病的可怕之處在於病情變嚴重前多半無症狀。畢竟血糖值稍高也不痛不癢。由於沒有症狀，就算檢查結果是「離糖尿病僅一步之隔的高風險群」，不少人也都置之不理。然而糖尿病是一種進展性疾病，要是什麼都不做的話，病情將持續惡化下去。

當然，在無症狀的情況下，也很可能產生嚴重併發症。視網膜病變、腎病變和神經病變是糖尿病的三大併發症。糖尿病視網膜病變是眼底血管因血液循環不良而受損，導致視力衰弱，嚴重時甚至會失明。糖尿病腎病變是因血糖過高，使得腎臟血液過濾功能下降，嚴重時必須洗腎。糖尿病神經病變的初始症狀為手腳麻痺和感覺遲鈍，嚴重時會引發壞疽，下肢可能需要截肢。此外，糖尿病也是引發動脈硬化、心肌梗塞和腦中風的主因。

糖尿病也是一種得了就無法痊癒的疾病。**雖然可藉由運動療法、飲食療法和藥物療法控制血糖值，但現代醫學還無法治好糖尿病**。一旦發病，就得終生與糖尿病共處。

在得知糖尿病無法痊癒後，應該有不少人興起了努力預防、務使自己不要得到糖尿病的念頭吧。

## ▲運動可預防「糖尿病」

二型糖尿病為先天性遺傳，加上攝取過多熱量，以及缺乏運動等生活習慣所致。儘管可以預防，但仍有許多日本人為此所苦。原因可能在於大家不知道什麼樣的生活方式會得二型糖尿病，以及什麼樣的生活方式才不會得二型糖尿病。

血糖值為血液內的葡萄糖濃度，飯前飯後都會變動，過低的狀態稱為低血糖，過高的狀態則稱為高血糖。

用餐時攝取的碳水化合物及醣類經過消化器官消化吸收，會轉變成葡萄糖釋放到血液裡。所以即便是健康的人，飯後血糖值也會上升。

血糖上升時，胰臟會分泌胰島素。胰島素促進肝臟、肌肉細胞和脂肪細胞運作，將葡萄糖送到各個細胞之中，使血糖值下降（回歸正常值）。

**攝取過多熱量和缺乏運動，都會降低胰島素的功能。**

除了**小心避免攝取過多碳水化合物和醣類外，將血液中的葡萄糖充分轉化成能量**

也是預防糖尿病的關鍵。血糖送往何處由胰島素掌控，我們無法自行決定增加輸送至肝臟或脂肪細胞的血糖量。不過我們**可以透過活動肌肉，增加送往肌肉的血糖量**，所以運動有助於預防糖尿病。

## ▲養成飯後的運動習慣可預防糖尿病

人體約75%的血糖都是靠肌肉消耗掉的，尤以慢肌（紅肌）消耗最多。大腿周邊肌肉以慢肌纖維占大多數。因此，在**飯後三十到六十分鐘內血糖上升至高峰值期間，從事健走或深蹲等使用大腿的運動，更可以有效預防糖尿病**。

飯後健走是一件很簡單就能做到的事。資料顯示，飯後健走二十分鐘不僅能降低血糖值，每天持續下去還會產生加成效果，有助於抑制平時或飯後的血糖值，堪稱養

**飯後運動抑制血糖值的效果**

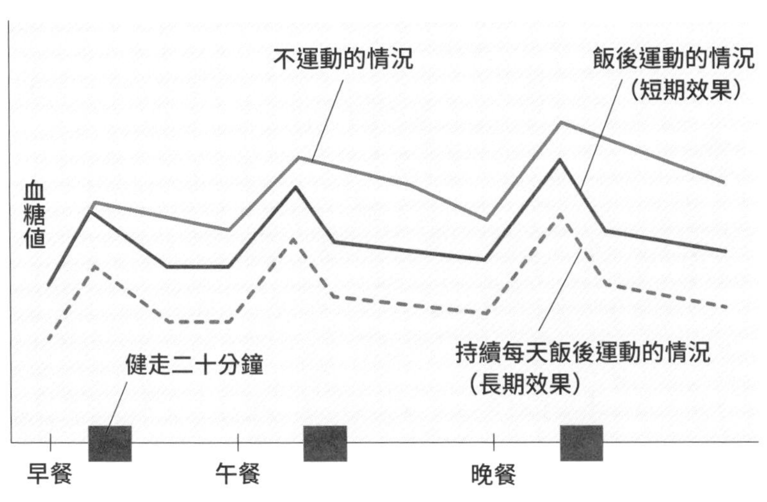


出處：『醫生說「請你運動！」時，最強對症運動指南：日本首席體能訓練師教你：1次5分鐘，釋放身體痠痛疲勞，降中風、心臟病死亡率！』田畑尚吾監修（方舟文化）

成飯後運動習慣可預防糖尿病的最佳例證。

透過鍛鍊增加雙腿肌肉量，也非常重要。血糖大多是靠肌肉消耗掉的。這表示**肌肉量多的身體容易消耗糖分，肌肉量少的身體則不易消耗糖分**。也就是說，肌肉量多的人，罹患糖尿病的風險較低。

而且**肌肉量越多，從事有氧運動時也會消耗越多糖分**。如果想讓有氧運動發揮更好的效果，就應該好好練腳。

# 不動膝蓋，小心↓「退化性膝關節炎」

練腳看這裡↓130頁

許多高齡人士都有膝蓋痛的毛病。各位身邊可能也有人為膝蓋疼痛所苦。**走路時覺得膝蓋有異狀、因為膝蓋痛而無法跪坐、上下樓梯時感覺膝蓋僵硬疼痛等等**，這些情況多半是**退化性膝關節炎**造成的。包含無自覺症狀的人在內，推測日本共有二千五百萬人，**即每五人約有一人罹患退化性膝關節炎，四十歲以上者更是每三人約有一人罹患退化性膝關節炎**。通常患者以中老年女性居多，根據日本骨科學會的資料，男女患者的比例為一比四。

膝蓋是連結大腿骨與脛骨的關節，人類站立、行走、奔跑時，膝蓋都扮演著重要的角色。這些骨頭的末端有緩衝用的軟骨組織。軟骨組織為關節囊所包覆，關節囊裡充滿了關節液。

**膝蓋長年承受負擔的話（高齡、肥胖、O型腿等等也是造成負擔的原因），軟骨**

**將逐漸磨損**。而軟骨碎片會刺激關節囊內側滑膜，導致發炎。這就是**退化性膝關節炎**的初期階段。

軟骨持續磨損下去，最終大腿骨將直接撞擊脛骨，導致走路時產生劇痛。骨頭還會變質，長出骨刺，使得可活動範圍受限、膝蓋伸不直，也無法跪坐。關節液也會囤積在關節囊內，形成所謂「膝蓋積水」的狀態。

**退化性膝關節炎**通常得透過拍攝膝蓋X光片，觀察關節間隙大小和骨刺的狀態，藉此評估病情進展狀況（這稱作卡葛倫－勞倫斯分級系統（Kellgren-Lawrence Grading System））。

○級為正常；一級是無明顯變化，但可看見疑似為**退化性膝關節炎**徵兆的細微骨刺；二級是膝關節間隙稍微變窄（25%以下），可看見骨刺生成；三級是膝關節間隙明顯變窄（50～70%），可清楚看見骨刺生成；四級是膝關節間隙嚴重變窄（75%以上），有大型骨刺生成，骨頭明顯變形。

三級以上需要開刀，至於四級者即便不動也會感到疼痛。此外，**軟骨一旦磨損，便再也無法復原**。

## ▲重點不在於休息，而是使用膝蓋

雖然許多日本人都有**退化性膝關節炎**的困擾，但膝關節的構造並沒有那麼脆弱。新聞上或許很常看到足球選手、網球選手、滑雪選手等運動員膝蓋受傷的消息，不過運動員讓膝蓋受傷的動作，往往都超出了人類的極限。在日常生活中，我們不會連續跳個好幾千次、衝刺好幾百趟，也不會突然全速迴轉，更不可能在這種情況下互撞。

從體能訓練師的觀點看來，膝關節其實十分強健，正常生活是不會輕易損毀的。要支撐身體一百年都不成問題。

話雖如此，**為何膝蓋出現疼痛的機率，會隨著年齡增長而升高呢？原因就在於不活動膝蓋，也就是缺乏運動**。

軟骨是一種類似海綿的組織，主要的成分為膠原蛋白和蛋白聚醣。孩子到成長期之前，軟骨裡都還有血管經過，不過成人的軟骨裡卻沒有血管、淋巴管和神經。軟骨失去血管後，充滿關節囊內的關節液便負起新陳代謝的重要使命。

不斷活動膝關節，對軟骨施加壓力，這時關節液會浸透軟骨，補充水分、氧氣和營養。一旦關節靜止不動，就無法順利吸收關節液，也就使得軟骨無法維持健康的狀態。

所以**要預防退化性膝關節炎，重點就在於增加步行量，積極活動關節，促進關節內的新陳代謝**。

此外，鍛鍊膝蓋周邊肌肉可以讓關節變得更穩定，軟骨更容易承受壓力，對新陳代謝也有正面影響。

# 預防「骨質疏鬆症」，運動不可少

練腳看這裡↓132頁

當骨量減少，骨質密度下降時，骨頭會變得脆弱易斷，也就是所謂的骨質疏鬆症。年齡越大，罹患骨質疏鬆症的比例越高。目前全日本有超過一千萬人罹患骨質疏鬆症，包含高危險群在內更多達兩千萬人。在現今超高齡化的社會下，可以想見往後將有越來越多人罹患骨質疏鬆症。

尤其女性停經後**雌激素（具有促進骨頭形成，抑制舊骨受創的功能）下降，骨量也隨之減少，容易罹患骨質疏鬆症**，必須特別留意才行。

事實上，許多高齡者的骨頭變得十分脆弱，很容易因為跌倒而骨折。高齡者骨折住院時，由於失去活動能力給身體帶來刺激，常常引發認知功能退化、長期臥床需要看護照料的情況，所以千萬不能小看骨折。

我那位九十五歲過世的爺爺，就是最好的例子。爺爺天生身強體壯，幾乎沒生過什麼病。雖然九十歲過後認知功能稍有退化，但身體還很硬朗，沒什麼大毛病，可以自己獨立生活。

然而情況卻突然為之一變，原因就在於骨折。忙完農活後，祖父正要爬上陽台走廊時跌了一跤，摔斷了大腿骨。由於年事已高無法動手術，骨折後祖父就不能行走，成天躺在床上，導致失智症急速惡化。失智症惡化後，祖父完全變了個人，過沒多久甚至連家人都認不出來了。

剛骨折時，醫生說爺爺還能再活一年，結果爺爺真的在骨折一年後就過世了。

**高齡者長期臥床的原因，約20％為骨折**，其中以大腿骨骨折問題最大。當高齡者因為骨折躺在床上時，肌力將在這段期間內逐漸衰退；即便日後痊癒了，多半也難以自力行走。

**「骨質疏鬆症↓骨折↓臥床↓認知功能退化」**，遇到像我爺爺這樣的情況，無論是本人還是家人都不好受。希望各位能勤練雙腳和骨骼，避免遭遇這樣的慘劇。

一些困擾高齡者的特殊性骨折，也跟骨質疏鬆症有關。其中之一便是**脊椎壓迫性**

骨折。路上時常可以看見一些嚴重駝背的高齡者，推著助行器行走的身影，他們的背之所以彎得那麼厲害，就是因為脊椎壓迫性骨折。除了姿勢惡化，脊椎的壓迫性骨折還會壓迫內臟，造成消化不良、便祕、胃食道逆流等諸多問題。

手腕附近的骨折稱為庫力氏骨折（Colles' fracture），常見於罹患骨質疏鬆症的高齡族群。因為骨質密度低，手掌在跌倒的過程中觸地，很容易就斷了。不少六十多歲的女性都發生過庫力氏骨折。而到了七十歲以後，由於跌倒時無法立即伸手撐地，庫力氏骨折也逐漸少見。

## ▲強化骨頭需要運動的刺激

雖然先前一再強調，缺乏運動將導致肌肉衰退，其實不運動也會造成骨頭衰退。骨頭跟肌肉、皮膚一樣，會不斷進行新陳代謝，也就是持續破壞舊骨生成新骨，藉此維持骨骼強度。這個循環的過程稱為骨質重塑（Bone remodeling）。

受到運動的刺激時，骨頭內部會產生裂紋（Microcrack），即骨頭出現微米單位的裂痕，但這並不是壞事。為了修復裂痕，負責生成新骨的成骨細胞將積極攝取鈣質強化骨頭。

成長期會不斷反覆這個重塑的過程，使得骨量持續提升。無論男女，二十歲左右骨量都會達到最大值，大約四十五歲後便無法維持而開始減少。

## ▲為骨頭提供養分與衝擊

為了預防骨質疏鬆症，終生保有強健的骨骼，重點在於應趁著年輕時增加骨量，之後也要努力維持，避免骨頭變得脆弱易斷。由於骨量會在二十歲左右達到最大值，除非是十幾歲的人，不然很難再繼續增加。因此，我們應該把目標放在「維持」。

**要讓骨頭變強健，日常生活應該特別注意持續運動，以及攝取適當的養分**。兼顧這兩者非常重要。

骨頭是由纖維狀的膠原蛋白形塑框架，並由鈣、鎂、磷等礦物質緊密組合而成。以高樓大廈為例，膠原蛋白就好比鋼筋骨架，以鈣為主的礦物質則是包裹鋼筋的水泥。而且這座骨架的大樓不是建好就算了，之後還會不斷進行分解與合成，大約每三年就會變得煥然一新。

要讓骨頭變強健，**重點在於藉由運動帶給骨頭衝擊**。像是網球選手持拍的手和跑者的腳，骨質密度通常都很高，這就是最好的證明。**想避免雙腳骨折，可藉由跑步、上下樓梯、跳繩、立定跳等動作刺激骨頭**。

雖然同樣都是運動，但在水裡健走或游泳時，浮力跟重力會相互抵銷，騎自行車則是少了著地的衝擊，這些都不太能達到鍛鍊骨頭的效果。

## 最大骨量與年齡關係圖

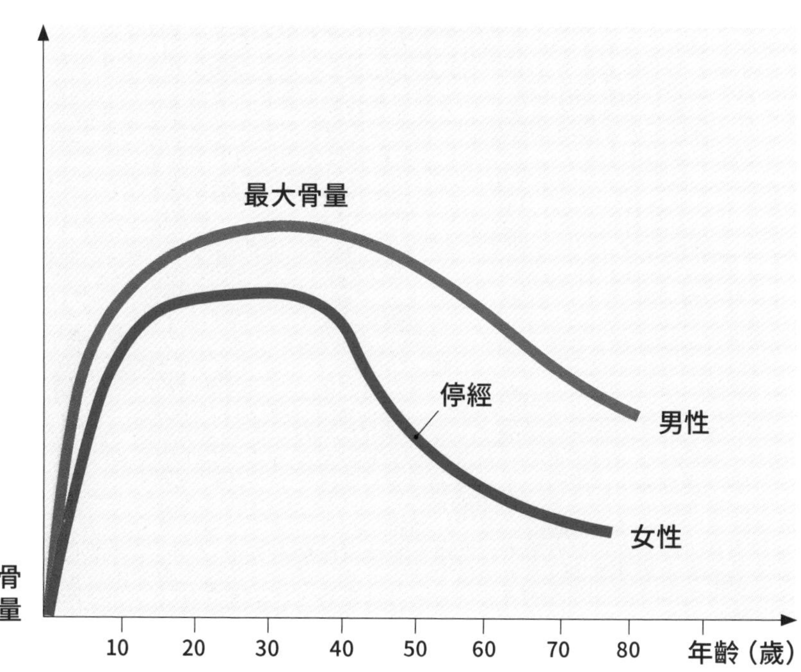
最大骨量
停經
男性
女性
骨量
10
20
30
40
50
60
70
80
年齡（歲）

## ▲要強健骨骼也不能欠缺維生素D和維生素K

要打造強健的骨骼，除了透過運動帶來刺激外，還要攝取生成骨頭的鈣、鎂、蛋白質等營養素；促進鈣質吸收的維生素D，以及協助骨骼留住鈣質的維生素K，更是不可或缺。

**牛奶可提供豐富的鈣質與蛋白質；除了鈣質與蛋白質外，鮭魚和秋刀魚也富含維生素D；納豆不僅含有維生素K，更是蛋白質的來源**。以上這些食物都可以有效預防骨質疏鬆症。

**一天所需的鈣質粗估為八百毫克**。一杯牛奶內含二百二十毫克鈣質，半塊板豆腐可攝取一百四十毫克鈣質；料理經常使用的蝦米則是每大匙可攝取五百七十毫克鈣質，建議磨成粉狀食用。

尼古丁會妨礙腸壁吸收鈣質，因此為了骨頭著想，最好戒菸。過度攝取咖啡因和酒精也會造成骨量減少，要特別留意。暴露在陽光下時，皮膚會自動合成維生素D，所以曬太陽也很重要。

## 食品的鈣質粗估含量

| 食品名稱 | | 熱量(kcal) | 鈣質(mg) |
|---|---|---|---|
| 起司（一塊約 25 g） | 高達起司 | 95 | 170 |
| | 切達起司 | 106 | 190 |
| | 藍起司 | 87 | 150 |
| | 卡門貝爾起司 | 78 | 120 |
| | 奶油乳酪 | 87 | 18 |
| | 莫札瑞拉起司 | 69 | 83 |
| | 帕瑪森起司 | 119 | 330 |
| | 茅屋起司 | 25 | 14 |
| | 加工起司 | 85 | 160 |
| | 起司片（一片） | 64 | 120 |
| 優酪乳（200g） | | 130 | 220 |
| 無糖優格（100g） | | 62 | 120 |
| 牛奶（一杯 200g） | | 134 | 220 |
| 板豆腐（一塊 300g） | | 240 | 280 |
| 嫩豆腐（一塊 300g） | | 186 | 230 |
| 凍豆腐（一個 16g） | | 86 | 100 |
| 納豆（一盒 50g） | | 100 | 45 |
| 小魚乾（100g） | | 332 | 2200 |

出處：『日本食品標準成分表 2015 年版（七訂）』（全國官報販賣合作社）

# 「失智症」跟腳也有關係！

練腳看這裡↓134頁

根據世界衛生組織公布的數據顯示，目前全球約有五千萬名失智症患者，且每年將新增一千萬名發病患者。

如今日本漸漸邁向超高齡化，失智症患者當然也有增加的傾向，預估二〇二五年日本的失智症患者將達到七百三十萬人。

根據厚生勞動省調查，二〇一二年六十五歲以上高齡者每七人約有一人罹患失智症（約15%），**預估二〇二五年這個比例會再上升，六十五歲以上高齡者每五人就會有一人（約20%）罹患失智症**。

失智症是指出生後正常發展的認知功能因後天腦部障礙而衰減退化，對日常生活及社會生活造成阻礙。正確來說，失智症並非不是一種病名，而是病癥。

此外，雖然不算失智症，但認知功能退化程度超出實際年齡，稱為輕度認知障礙。

## 預估未來失智症患者人數

※ 假設糖尿病罹病率截至 2060 年增加了 20%。

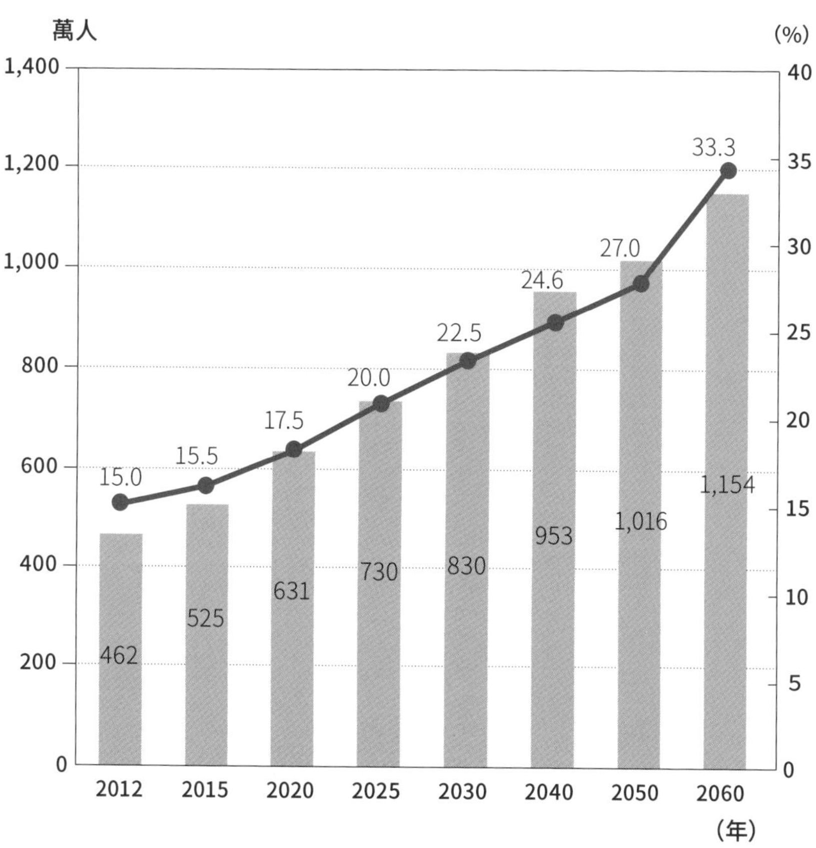


參考資料：65 歲以上失智症患者的預估罹病率「平成 29 年版高齡社會白皮書」（內閣府），編輯部製圖。

儘管認知功能（記憶力、語言能力、判斷力、計算力、執行力）多少會出現一些問題，但日常生活方面仍無大礙。

若是放著不管，輕度認知障礙往往容易發展成失智症，不過由於症狀輕微，只要努力調養，便能回到實際年齡應有的水準。

## ▲失智症大致分為四種

失智症依照成因可分為幾種，最具代表性的是阿茲海默型失智症、腦血管性失智症、路易氏體失智症，以及額顳葉型失智症等四種。日本人的失智症有65％以上都是阿茲海默型失智症。

一般認為，阿茲海默型失智症是β澱粉樣蛋白沉積在腦部組織，蛋白質毒性破壞神經細胞所致，不過目前還不清楚β澱粉樣蛋白沉積的原因。

腦血管性失智症肇因於腦中風和腦溢血等腦血管疾病，引發腦血管障礙的則是高

## 失智症主要類別比例

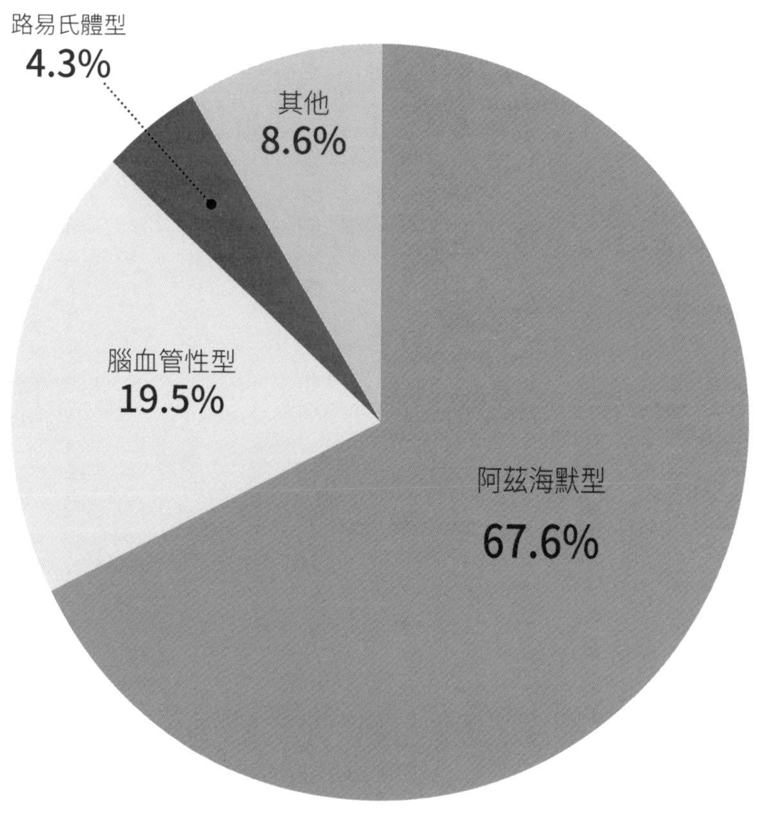


出處：厚生勞動科學研究費補助金失智症對策綜合研究事業「都市區失智症罹病率與失智症生活機能障礙之應對」平成 23 年度～平成 24 年度綜合研究報告書

血壓和糖尿病等文明病。這些文明病可藉由持續運動，以及營養均衡的飲食習慣加以預防。如同七十八頁的糖尿病段落所述，鍛鍊雙腳可以有效預防糖尿病。也就是說，**勤加練腳、運動可預防腦血管性失智症**。

路易氏體失智症是名為路易氏體的蛋白質沉積在腦部組織，導致神經細胞受損。但形成原因目前仍未知。

額顳葉型失智症則起因於額顳葉退化症，也就是額葉和顳葉萎縮退化，是厚生勞動省指定的重大罕見疾病。

## ▲活動身體可鍛鍊頭腦

要預防失智症，就必須鍛鍊頭腦。聽到這句話，各位會想到什麼呢？不少人首先想到的一定是「腦力訓練」吧。簡單的計算和朗讀可活絡腦部的認知功能，一時之間腦力訓練蔚為風潮，填字遊戲和數獨等等也是十分熱門的腦力體操。

如同不動會導致肌肉減少、體力衰退，不用腦也會導致能力下降、認知功能退化，所以藉由計算或解謎遊戲刺激頭腦，應該算是一件好事。不過，**要預防失智症的話，建議大家應該積極活動身體**。

人腦分成許多部位，各司其職。例如位於大腦前側的額葉，負責掌管思考和情感。挑戰計算問題時，受刺激的部位就是額葉。

顳葉位於大腦側邊，負責儲存記憶和處理聽覺訊息。當我們要提取記憶，回想昨天發生什麼事的時候，受刺激的部位就是顳葉。頂葉位在頭頂偏後的位置，主掌空間認知與感覺訊息，活動手腳和嘴巴都會刺激到頂葉。

位於頭部後側的枕葉主要處理視覺訊息，功用是認知人臉及物體的形狀。**小腦控制著潛意識維持身體平衡的肌肉動作，功用是避免行走、奔跑或坐在健身球上時摔倒**。

**活動身體時，下達指令的是大腦運動區**。

先假設各位都打過網球。打球的過程中，運動區會給出追球、揮拍等指令。掌握球速和落點時，處理視覺訊息的枕葉和掌管空間認知的頂葉，起了很大的作用。奔跑跳躍時，小腦會不斷運作以維持身體平衡。雖然平常可能很少意識到，但人類運動時不是只有肌肉特別活躍，腦部也用得很頻繁。

說到這裡，大家應該能夠明白為何積極活動身體有助於鍛鍊頭腦，預防失智症發生了。

有學者實際研究運動習慣的有無與**阿茲海默型失智症發病機率**之間的關係。研究報告指出，**倘若完全沒有運動習慣者發病機率為1，那麼每週運動超過三次、強度皆在健走以上者，發病機率則為0．5**。這樣是否有讓你產生活動身體的動力呢？

骨質疏鬆症的段落裡也提到，我那位年過九十的爺爺原本還很健康，卻因為大腿骨折無法行走，從此認知功能急遽退化。活動身體對於腦部就是這麼重要。

## ▲常坐健身球可鍛鍊頭腦

要預防失智症，我建議可以**平時多坐健身球**。

健身球是運動員常用的道具，我在指導運動員訓練時也常常使用它。不過，其實健身球原本是一種神經系統復健用的醫療工具。

最早義大利於一九六三年開發了健身球。後來瑞士的物理治療師用它幫助罹患神經系統疾病的孩童進行復健，並獲得了一定的成果，這才受到了矚目。一九七〇年代，美國也開始在小兒麻痺的復健中使用健身球。

因此，除了用來訓練運動員之外，我也把健身球當作一般大眾活絡頭腦的工具，常常在為高齡者舉辦的講習會上大力推廣它。

坐在健身球上時，由於身處一個搖搖晃晃的地方，為了保持平衡，小腦等部位會變得特別活絡，促使血液流向腦部。最近有不少公司企業引進健身球代替椅子，各位也請務必多加善用。

## 「心肺機能衰退」從腳開始

練腳看這裡↓136頁

心肺功能是指吸入的氧氣在肺部融入血液，透過心臟的幫浦作用推動血流，將氧氣供應至全身，同時回收肌肉排出的二氧化碳，將之帶往體外的一連串作用。

一旦心肺功能衰退，**爬樓梯爬沒多久就會變得氣喘吁吁，才做點輕度運動也很快就累了**。

要維持並提升心肺功能，需要一定強度的運動。像是步行往返距離最近的車站、騎腳踏車去附近超市購物、處理洗衣打掃等家事，強度都不足以有效改善心肺功能。

想提升心肺功能需要什麼強度的運動呢？將「運動疲累感」指標化的主觀性運動強度（RPE）為常用的基準，分為非常累、很累、累、稍累、輕鬆、很輕鬆、非常輕鬆等七級。強化心肺功能需要「稍累」強度的運動。

什麼樣的程度才算「稍累」呢？以健走為例，如果過程中還能哼歌閒聊，那就是介於「輕鬆」到「非常輕鬆」之間的強度。**呼吸有點喘，心跳明顯比靜止時快，即為「稍累」的程度**。

若使用可測量心跳數的運動手錶，標準則是最大心跳數的60至80%。

要把健走等運動做到「稍累」的強度，重點在於要有一定程度以上的腳力。一旦雙腳衰退，只能拖著腳走路，便無法將運動強度提升至強化心肺功能所需的「稍累」水準。

當心肺功能衰退時，人會變得容易疲累，懶得走路爬樓梯，雙腳也陷入日益衰退的惡性循環。

## 練腳可預防「虛寒、腳水腫」

練腳看這裡↓142頁

在自律神經的作用下，我們的體溫經常保持在37℃左右。無論是寒冷的冬天，還是在氣溫0℃的環境下，我們都還能維持體溫。這是因為人類的身體會產生熱能，將體溫控制在固定的範圍內。

在產生熱能這項任務中，貢獻最多的就屬肌肉了。體內產生的熱能約有六成來自肌肉。其餘兩成來自肝臟和腎臟，兩成來自棕色脂肪。所以**肌肉量多的人，產生熱能的能力較強。相反地，肌肉量少的人，產生熱能的能力較弱，大多有虛寒體質**。

事實上，健身房裡也常聽到開始鍛鍊肌肉的學員反映「不怕冷了」、「虛寒體質改善了」、「變得容易流汗」。

**練腳增肌是有可能改善虛寒體質的**，然而，並不是肌肉量多，就不會有虛寒體質的困擾。即便肌肉量堪比橄欖球選手，有些人還是體質虛寒。虛寒體質的原因不只一個，像是壓力所導致的自律神經失調、偏食等等也會造成體質虛寒，所以應該要重新審視整體生活狀況。

就比例上來說，女性比男性更常出現手腳冰冷的問題。其實這是有原因的。先前提到，我們的體溫總是維持在37℃左右，不過越接近身體核心，溫度越高、越穩定，而接近手腳及皮膚的部分則溫度較低。為了維持心臟等臟器的運作，身體核心才會常保高溫。這個穩定的高溫稱為核心體溫。

隨著最近疫情擴大，進辦公室前量體溫的機會變多了，不過身體末梢和體表溫度深受環境氣溫影響，所以非接觸型的機器無法量測出正確的體溫。

要維持核心溫度需要許多血液。**由於女性有子宮，必須保溫的部分比男性多，當外部環境氣溫下降時，血液會更往身體核心集中，導致血液難以輸送至手腳末梢**。

「登山家挑戰冬天登山時凍傷了手指」也是同樣的道理。這是為了確保生命活動而優先維持核心溫度所造就的結果。

活動雙腳也能有效對抗虛寒。**活動雙腳時，名為擠乳作用的肌肉幫浦運作，會促**

**進血液流動，**而使用肌肉也會產生熱能。只要這麼做，冰冷的手指跟腳趾一定會暖和起來。

為了對抗虛寒，有些人套了兩副手套或穿兩雙襪子，不過這並不能有效解決虛寒的問題。他們可能以為處理虛寒問題要從不自覺發冷的部位下手，其實只要穿戴有助於維持核心溫度的東西，像是羽絨背心或圍腰，血液自然容易輸送到手腳。活動雙腳的同時還請嘗試看看。

## ▲多練腳，身體不易水腫

水腫的主因在於血流。心臟的功能是將血液送至全身，但為了讓血液回到心臟，下半身必須抵抗地球重力。這時擠乳作用就很重要了。小腿肚等部位的肌肉產生肌肉幫浦作用，壓迫血管，血液才能順利回流到心臟。

久坐久站時腳之所以會水腫，是因為沒動到腳的肌肉，無法產生擠乳作用，使得血液循環不順。腳容易水腫的人，很有可能是雙腳肌肉活動量不足。

工作中穿高跟鞋的女性，往往容易雙腳水腫。因為踮腳的緣故，穿著高跟鞋走路時，小腿肚的肌肉幾乎緊縮不動，因此很難產生擠乳作用。

**勤練雙腳，增加下半身的肌肉，這樣也能預防水腫**。腳的肌肉多，擠乳作用就大，全身血流自然會很順暢。相反地，腳的肌肉少，擠乳作用就小，雙腳自然容易水腫。

當然，水腫也有可能是其他各種疾病造成的。如果症狀長期未消，甚至出現身體不適的情況，還是盡快找醫生診斷。

## 活動雙腳也能有效對付「壓力」

練腳看這裡↓63頁起

壓力對身體造成許多影響。心跳數和血壓上升、呼吸變短促、腎上腺素直接分泌至血液中、肝臟釋出儲存的糖分、肌肉緊繃、流向末梢的血液減少而導致手腳冰冷、容易出汗、消化器官血液循環明顯變差等等，這些都是壓力所引發的現象。

此外，高血壓、心律不整、心臟病、呼吸衰竭、哮喘、過度換氣症候群、胃腸道損傷、胃潰瘍、便祕、腹瀉、肥胖、糖尿病、惡性腫瘤（癌症）、頭痛、腰痛、肩膀僵硬、恐慌症、失眠等疾病，原因往往也是出在壓力。

每個人有效紓解壓力的方法各有不同，可能是運動，又或者是看書、看電影、聽音樂。實際上，當身體承受巨大的壓力時，人會變得提不起幹勁，什麼事情都不想做，所以找到紓解壓力的方法非常重要。另外，最好也要讓家人朋友知道自己的紓壓方式，並把它寫在筆記本裡面。

活動身體可以有效對付壓力。運動的愉悅感、體能進步和達成目標帶來的成就感、運動伙伴的歸屬感，這些都能**大幅減少體內俗稱壓力荷爾蒙的皮質醇**。此外，**持續運動也能提升適應物理性壓力源（寒冷、酷熱、噪音等等）的能力**。這樣在面對外部環境變化時，血管及汗腺便得以馬上運作，迅速調節體溫。

待在溫度適宜的家中無所事事時，自律神經幾乎不太會產生作用，到屋外健走或慢跑，反而會讓自律神經變得活絡，所以運動也有助於自律神經的鍛鍊與健全。

順帶一提，一般人常誤以為大吃、喝酒可以緩解壓力。其實這種方式是無法降低壓力的，只是麻痺壓力的感覺罷了。

# 常練腳多運動，提升「免疫力」

練腳看這裡↓63頁起

免疫是保護身體免除細菌病毒危害的防禦系統，可分為先天性免疫和後天性免疫。

當細菌病毒入侵體內時，身體會製造保護自己的抗體攻擊入侵者（抗原）。像這樣自然獲得免疫，稱為先天性免疫。當同種類的抗原再度入侵體內時，免疫記憶將產生作用驅逐抗原，這則稱後天性免疫。

先天性免疫和後天性免疫都跟免疫細胞有關。免疫細胞主要由骨髓和胸腺生成，並隨著血液和淋巴液在體內循環。

這個免疫系統的所有機能，稱為免疫力。當免疫力下降時，人體就容易受感冒和傳染病侵襲。

免疫力下降的原因很多，偏食、睡眠不足、疲勞、缺乏運動、壓力、自律神經失調、虛寒體質、抽菸、飲酒過度等等都有可能。**要維持免疫機能，必須攝取優質蛋白質、維生素和礦物質**，所以第一步得先從調整飲食習慣做起。

除了鍛鍊雙腳之外，健走、跑步等有氧運動也能有效解決缺乏運動的問題。平時常活動身體，增加腳的肌肉量，自然可以預防虛寒。持續運動還可對付壓力，健全自律神經的功能，連帶使得睡眠品質提升。

換句話說，**只要改善飲食狀況，建立運動習慣，便可以避免絕大部分造成免疫力低下的原因**。

流行性感冒是每年冬天常見的傳染病，電視雜誌等媒體還為此製作「提升免疫力」特輯，不過對抗流感的方法其實非常簡單。只要記得維持營養均衡的飲食習慣、適度運動、充足的睡眠，並留意不讓身體降溫，你的免疫機能一定能夠確實發揮作用。

# 有效擺脫「慢性疲勞」

練腳看這裡↓63頁起

無論是肉體或精神上的疲勞，要去除疲勞恢復體力，重點在於高品質的睡眠。倘若睡眠時間不足，即便勤做伸展、按摩或是泡澡，恐怕都難以消除疲勞。

早上起床精神不振，明明有睡覺，卻還是覺得很累，這種人可能罹患了睡眠呼吸中止症。睡眠呼吸中止症是指睡眠時空氣經過的上呼吸道變窄，導致呼吸一再中斷。這種疾病也有可能引發心肌梗塞及腦中風等攸關性命的併發症。經過持續正壓呼吸器（CPAP）治療後，睡眠呼吸中止症大多可獲得改善。有這方面疑慮的人，可以去睡眠門診檢查看看。

下巴小、扁桃腺大、舌頭粗，這些與生俱來的身體特徵，以及慢性鼻炎等等，都會造成睡眠呼吸中止症，不過肥胖也是一大要因。當喉嚨周圍堆積脂肪時，氣管就容易變窄。

要防止肥胖，關鍵在於不過量飲食、適度運動增加熱量消耗，以及增加下半身肌肉量以提升基礎代謝率。所以，**鍛鍊雙腳不僅可以避免肥胖，還能預防睡眠呼吸中止症**。

腳力衰退也是身體容易疲累的主因。長期缺乏運動，導致下半身肌肉量減少的人，必須用更少的肌肉支撐身體。如果脂肪又增加的話，無疑是雪上加霜。像是上下樓梯變吃力，才稍微走一下就覺得累，這些都是非常明顯的徵兆。

而運動不僅可以紓解壓力，健全自律神經，睡眠品質也會跟著提升。

所以，**運動和鍛鍊雙腳有助於培養不易累的體質，以及擁有迅速消解疲勞的高品質睡眠**。

## 腳力一衰退，就跟著「腰痛」

練腳看這裡↓140頁

根據厚生勞動省估計，全日本約二千八百萬人有腰痛的毛病，比例約為總人口的四分之一，尤其又以四十歲以上者占多數。閱讀本書的讀者當中，或許也有不少人為腰痛所苦。

85%的腰痛是原因不明的非特異性腰痛，僅15%是出於特定原因。這些特定原因包括了椎間盤突出、腰椎管狹窄症、重度脊椎病變，以及內臟疾病等等，可透過醫院的影像診斷和精密檢查進一步釐清病因。

有些非特異性腰痛屬於心因性。因此，日本骨科學會和日本腰痛學會在共同監修的「腰痛診療指南」中建議，在治療持續超過三個月的慢性腰痛時，除了消炎藥和止痛劑之外，也可搭配使用抗焦慮和抗憂鬱藥物。

在影像診斷和精密檢查無法釐清病因的腰痛之中，有一部分是肌肉僵硬衰弱造成的。而這些起因於肌肉的腰痛，多半是因為平常完全沒活動到骨盆脊椎。也就是說，**長期久坐及缺乏運動，將導致腰部周圍與支撐骨盆脊椎的肌肉衰退，進而引發腰痛**。

像是支撐骨盆的臀大肌，一旦衰退時，骨盆就會變得不穩定，導致姿勢惡化。而姿勢不良當然也會造成腰痛。

至於連接腰椎、骨盆和大腿骨的髂腰肌，一旦衰退僵硬，行走站立時便無法維持正確的姿勢。髂腰肌與腰椎骨盆有關，因此強度不夠自然會引發腰痛。

此外，股關節僵硬不靈活也會造成腰痛。股關節變僵硬時，與股關節連動的脊椎將代為承受多餘的負荷，這也是腰痛的原因之一。**髂腰肌、大腿直肌、膕旁肌等等都是跟股關節活動有關的肌肉**，一旦缺乏運動，就很容易變僵硬。

所以，經常活動並鍛鍊雙腳，有可能預防及改善原因不明的腰痛。

# 腳部訓練能改善「高血壓」

練腳看這裡↓63頁起

心臟跳動輸送血液時，動脈內側承受的壓力稱為血壓。動脈內側承受的壓力包括心臟收縮擠出血液時的收縮壓（上壓），以及心臟擴張充滿血液時的舒張壓（下壓）。

門診室測得血壓超過140／90㎜Hg（收縮壓140㎜Hg、收縮壓90㎜Hg）即為高血壓。

根據厚生勞動省每三年一次的調查，二〇一七年高血壓患者估計共有九百九十三萬七千人。

長期處於血壓高的狀態時，血管會持續受到壓力，造成動脈硬化。高血壓幾乎沒有什麼症狀，還會造成心肌梗塞、腦中風等攸關性命的疾病，所以又有個可怕的別名叫「沉默殺手」。千萬不能仗著身體沒出毛病，就小看高血壓。

日本高血壓學會公布的「高血壓治療指南2019」中提到，要預防並改善高血壓，生活習慣的改善重點包括了限制鹽分攝取、積極攝取蔬果、維持適當體重、運動、節制飲酒及禁菸。

合理的目標體重為ＢＭＩ值（體重（公斤）÷身高（公尺）的平方）二十五以下，建議每天做三十分鐘有氧運動，每週運動時間累計超過一百八十分鐘。有氧運動的強度最好達到稍累的程度。評估一下，你的運動時間是否有達到這個標準？

**增加腳的肌肉量，使基礎代謝率提升，這麼做可以有效降低ＢＭＩ值**。隨著腳的肌肉量增加，進行有氧運動時將消耗更多熱量，再搭配飲食習慣的改善，體脂肪就會確實減少。許多研究報告也指出，**鍛鍊肌肉同樣具有降血壓的效果**。

不過，已經被診斷為高血壓的人，開始運動前請務必先跟主治醫生好好討論。在運動過程中，血壓會暫時升高，因此視高血壓的程度而定，運動有時也可能造成反效果。

# 鍛鍊骨盆底肌群，預防「尿失禁」

練腳看這裡↓138頁

有些人上了年紀，就無法隨心所欲地控制排泄。控制排泄是自立生活的必要條件，當無法控制排泄時，人往往會失去自信，覺得自尊心受創。不少人應該都想避免這種情況，或是已經感受到徵兆而希望改善問題吧。

大小便失禁是對家人也難以啟齒的敏感問題。事實上，許多高齡者都為此所苦。內臟或神經疾病等種種因素都會造成大小便失禁，**排泄相關的肌肉衰退也是原因之一**。儘管疾病造成的失禁有時難以預防，但要避免肌肉衰退，訓練還是能夠發揮一定程度的功效。

膀胱是體內蓄積尿液的袋子，可以儲存約五百毫升的水分。膀胱出口朝下，膀胱括約肌及尿道括約肌兩種肌肉負責將出口緊閉，不讓尿液外漏。當膀胱集滿尿液時，大腦會傳送訊號催生尿意，使膀胱括約肌及尿道括約肌放鬆，以便排尿。

另一方面，糞便則堆積在大腸末端的直腸。直腸出口為肛門，內肛門括約肌和外肛門括約肌兩種肌肉負責將肛門緊閉。

上面介紹了四種封閉開口，不讓糞便和尿液外漏的肌肉。這四種肌肉可以分為由意識掌控的隨意肌，以及由自律神經掌控、運作時不經過意識的不隨意肌。尿道括約肌和外肛門括約肌為隨意肌，膀胱括約肌和內肛門括約肌則為不隨意肌。

雖然自行運作的不隨意肌不易鍛鍊，但隨意肌可以透過訓練來加以鍛鍊。

也就是說，**只要鍛鍊關閉膀胱的尿道括約肌，以及關閉肛門的外肛門括約肌，便可預防大小便失禁**。

尿道括約肌和外肛門括約肌是骨盆底肌群的一部分。骨盆是膀胱和直腸（女性還有子宮）等內臟的容器，骨盆底肌群則位於骨盆底部，以懸吊的方式支撐著骨盆內的臟器。

骨盆底肌群衰退造成的大小便失禁，稱為腹壓性失禁。舉凡咳嗽、打噴嚏、突然起身、提重物，做這些動作時腹壓都會升高。一旦骨盆底肌衰退，腹壓升高時就有可能不堪負荷，而導致大小便失禁。

骨盆底肌群乃位於骨盆底部的下半身肌肉，離臀部肌肉很近。要預防大小便失禁，可以跟雙腳一起好好鍛鍊。

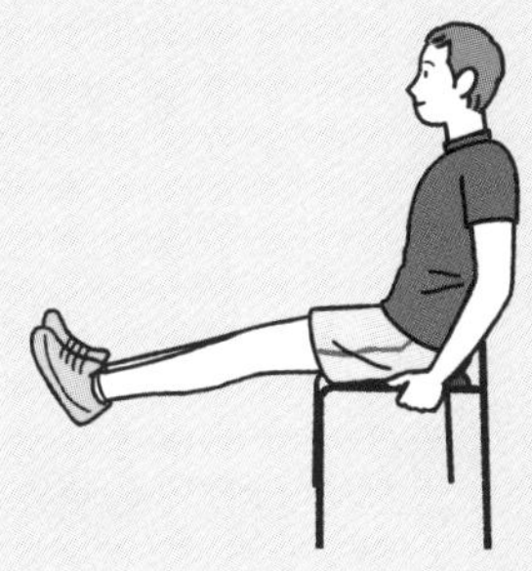

# 對症練腳這樣做

## 訓練進行方式

關心的症狀類別一天做一次，每日不間斷，並視體力增加類別。

- 除了要光著腳做的訓練，建議一律穿著室內鞋進行。（襪子和拖鞋有打滑的危險。）
- 過程中若有任何疼痛，請先尋求醫生診斷。
- 醫生要求限制運動者請勿進行。

# 糖尿病

以類似有氧運動的韻律持續活動大肌肉，消耗糖分，藉此降低血糖值。

※兩種運動交替進行，共做五分鐘。時間慢慢加長，最終能持續十到十五分鐘更有效果。

## ●胸背深蹲

1 雙腳打得比骨盆更開，腳尖朝外。屈膝下蹲，臀部往後頂。同時張開雙臂，運用背部肌肉將肩胛骨收攏。

2 膝蓋打直站回原位，同時在胸前靠攏雙肘，縮緊胸部肌肉。1、2有規律地各做一秒，反覆十次。

重點

下蹲時臀部確實往後頂，背部拱起成一弧線。

## ● 肩胛骨前箭步蹲

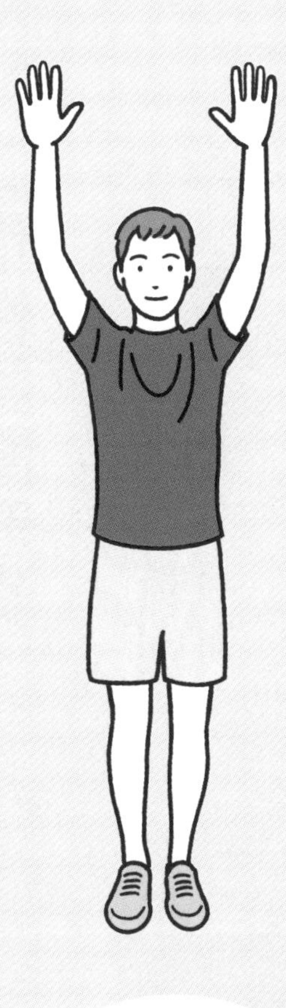

1

雙腳打開與骨盆同寬，雙手向上伸直。
看著前方，打直背脊。

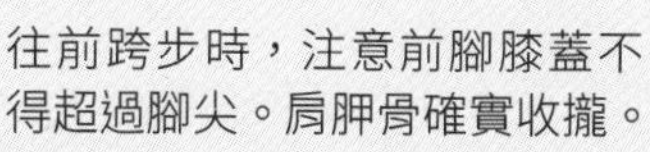


往前跨步時，注意前腳膝蓋不得超過腳尖。肩胛骨確實收攏。

2

一腳往前跨一大步，雙手下放，運用背部肌肉將肩胛骨收攏。站回原位後再跨出另一腳。
1→2、2→1的動作有規律地各做一秒。左右各一次，反覆十次。

# 退化性膝關節炎

要預防退化性膝關節炎，重點在於適度活動膝蓋。最好養成經常伸展、彎曲膝蓋的習慣。

## ● 腿部伸屈

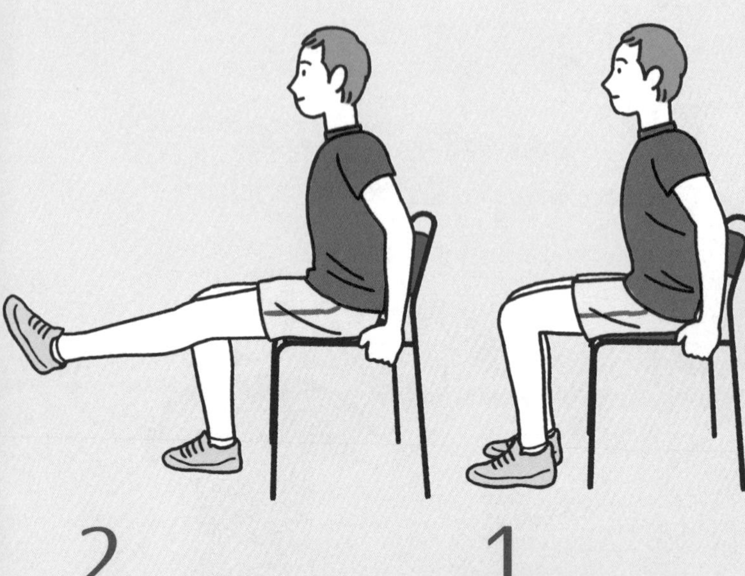

**1**

坐滿椅面，雙腳打開與骨盆同寬，腳掌著地。雙手抓著椅子。

**2**

用兩秒確實伸展單腳膝蓋，保持打直的狀態一秒，再用兩秒回到原位。每組二十次，目標兩到三組。另一腳也要做。

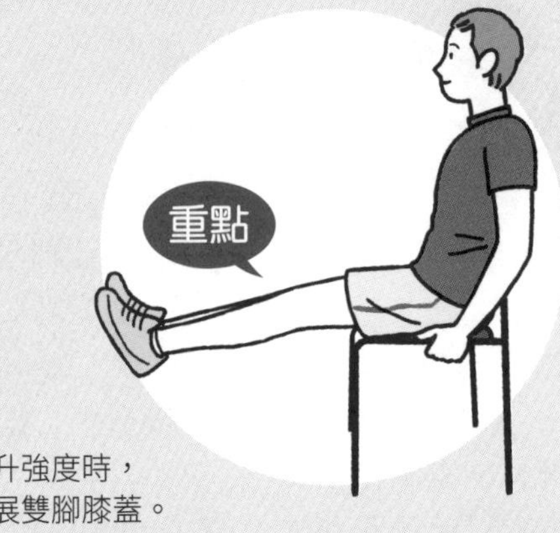


想稍微提升強度時，
可同時伸展雙腳膝蓋。

## ● 壓坐墊

1

坐在地面，一腳放在對折的坐墊上。另一腳屈膝，腳掌著地。雙手往後放在地上保持平衡。

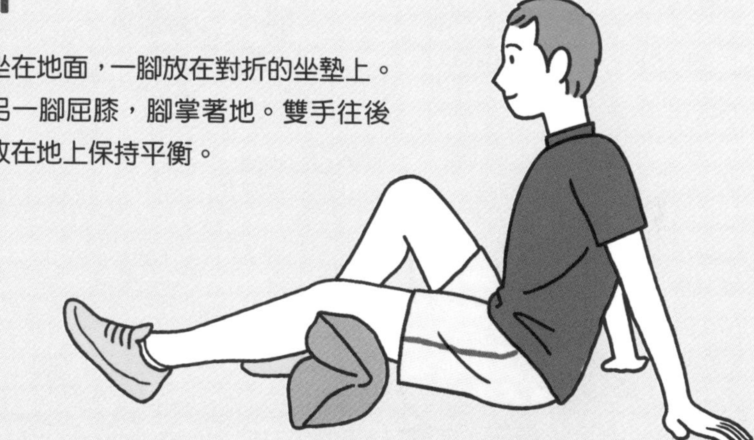

2

以膝蓋後窩壓坐墊，花兩秒將腳尖往後扳，打直膝蓋。靜止四秒後再用兩秒回到原位。每組二十次，目標兩到三組。另一腳也要做。

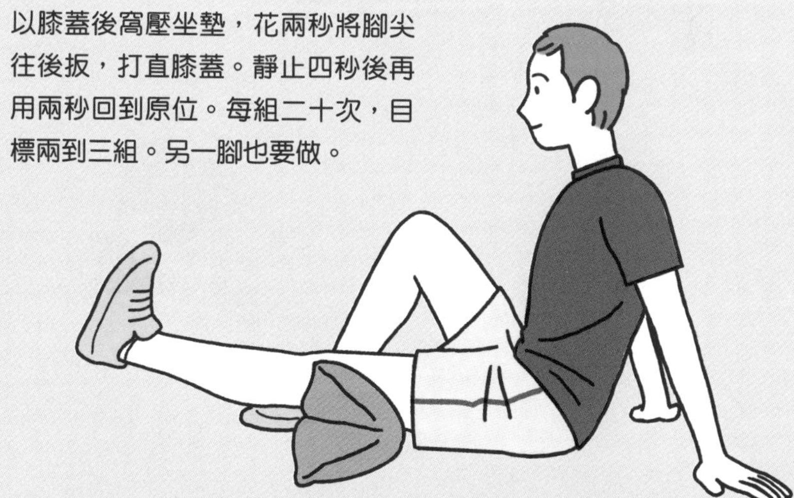

## ● 左右閉合跳

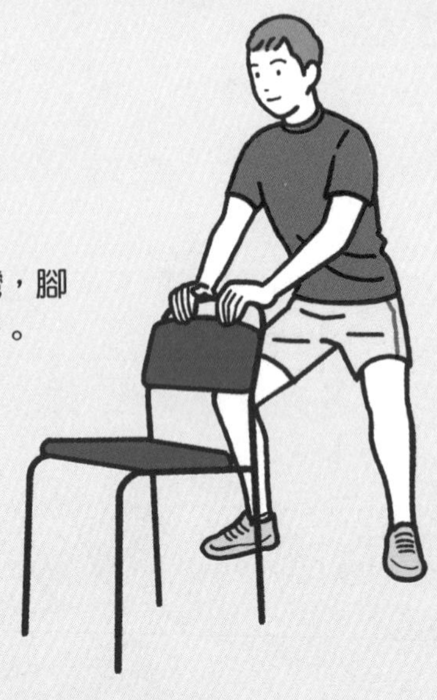

1

雙腳大大打開，膝蓋微彎，腳尖略朝外。雙手抓著椅背。

2

跳躍的同時闔起雙腳。著地時稍微彎曲膝蓋，以吸收著地衝擊。

要強健骨骼，必須施加強烈的刺激，使骨頭內部產生裂紋。跳躍訓練可強化雙腳的骨頭。

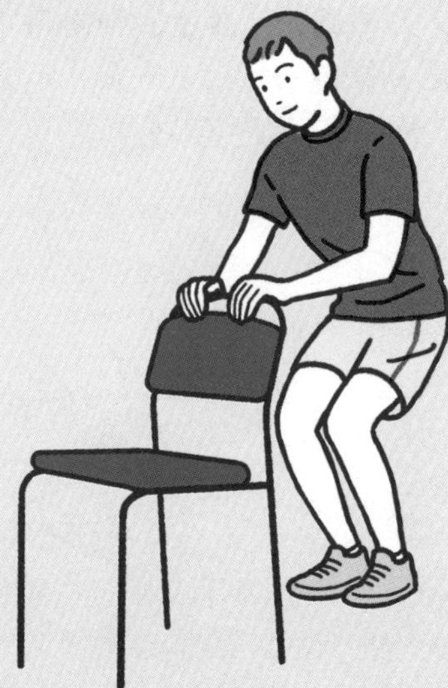

3

再次移動雙腳，打開至原位。每組十次，目標兩到三次。

## ●前後閉合跳

3

著地時確實屈膝，吸收著地衝擊。分別移動雙腳，往前後岔開。左右腳各五次，目標兩到三組。

2

跳躍的同時，闔起前後岔開的雙腳。

1

雙腳前後岔開約一步的距離，膝蓋微彎。

## 失智症

當試保持平衡時會促進腦部血液循環，活絡頭腦。同時處理兩件事可帶來更多刺激。

### ● 單腳平衡站立&屈指數數

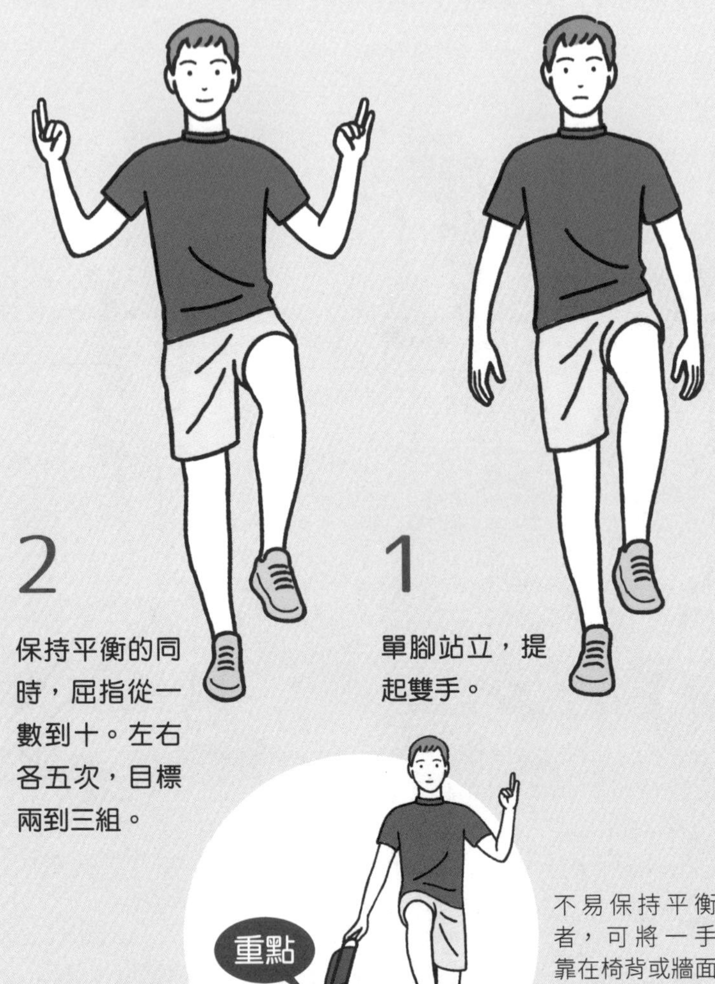

1

單腳站立，提起雙手。

2

保持平衡的同時，屈指從一數到十。左右各五次，目標兩到三組。

重點

不易保持平衡者，可將一手靠在椅背或牆面上。

## ● 用腳尖寫數字

一手抓著椅背，用另一腳腳尖在地面寫數字一到九。目標左右各三組。

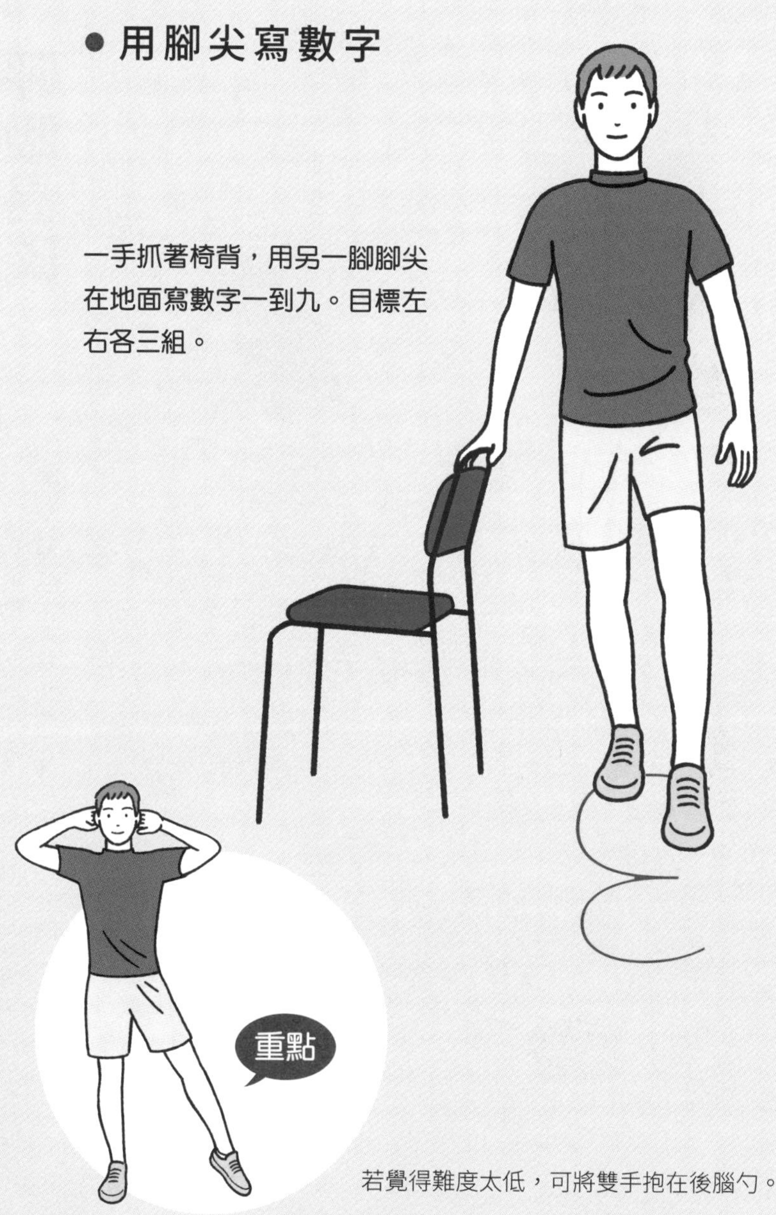


若覺得難度太低，可將雙手抱在後腦勺。

## 呼吸易喘

為了維持並提升心肺功能，運動強度必須達到稍微吃力且呼吸會喘的程度。建議多做可強化雙腳及心肺功能的訓練。

1

雙腳大大地往左右打開，下蹲時臀部往後頂。腳尖朝外，雙手在頭側張開。

2

高舉雙手，同時伸直膝蓋起身。1→2、2→1 分別規律地做大約一秒。每組四十次，目標兩組。為了達到類似有氧運動提升心肺功能的效果，至少要做到呼吸會喘的程度。

下蹲時背部仰起，屁股往後頂。

## ●上下台階

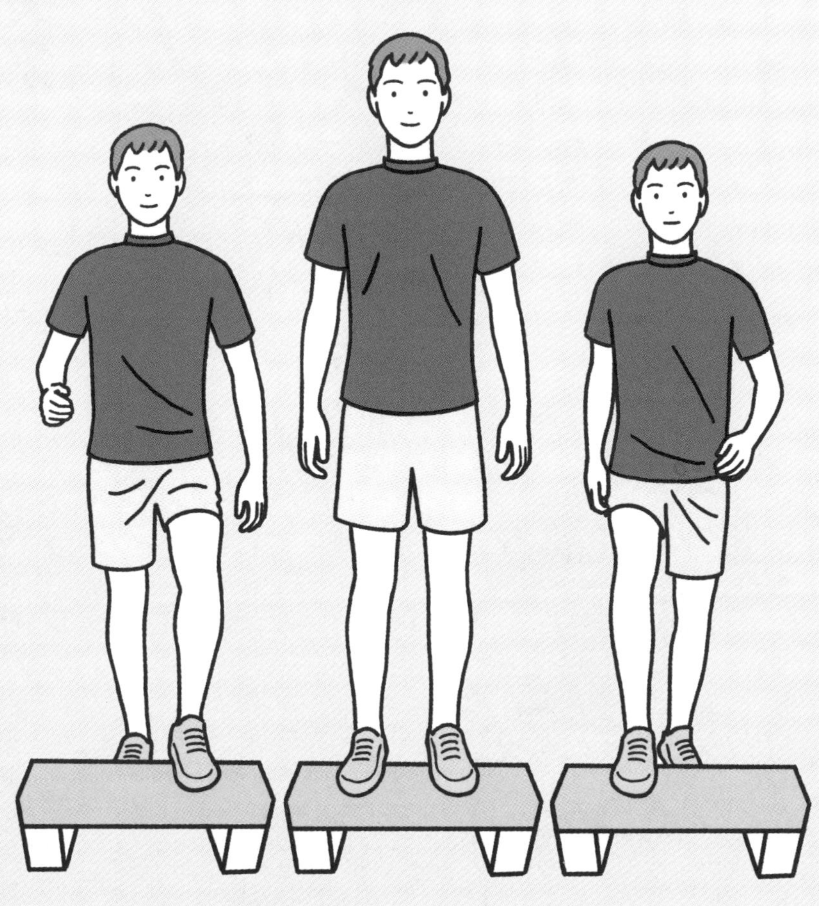

若右腳先踩上踏板，便從右腳先放下。
反覆上下三十秒後再換左腳。剛開始先
從五分鐘做起，目標是能持續三十分鐘。

尿失禁

先用毛巾刺激骨盆底肌群改善敏感度，再做收臀深蹲鍛鍊骨盆底肌群，藉此達到預防大小便失禁的效果。

## ● 刺激骨盆底肌

1

毛巾打個活結置於椅面上。

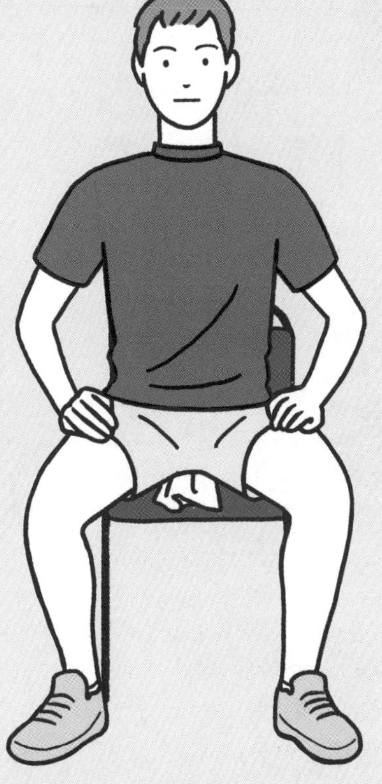

2

肛門對著結的部分坐下。剛開始常出現較強烈的疼痛，所以先坐三十秒即可。最終目標是能坐滿五分鐘左右，讓骨盆底肌群變得敏銳，容易收緊。

刺激完骨盆底肌群再做「拔蘿蔔收臀深蹲」，效果將更加顯著。

## ● 拔蘿蔔收臀深蹲

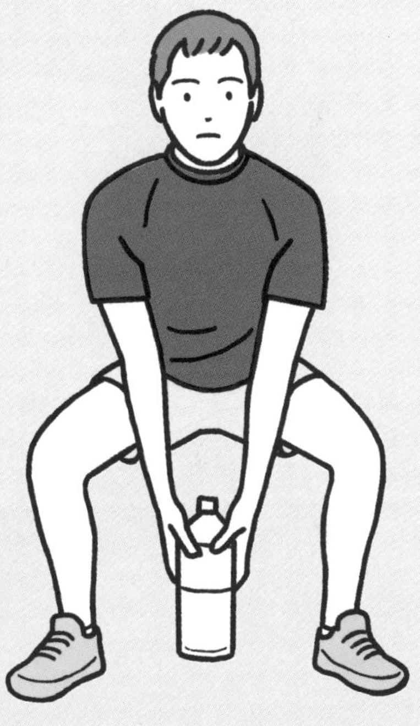

# 1

把裝了水的兩公升寶特瓶當成蘿蔔，用雙手拿好。雙腳左右打開，膝蓋彎曲，呈現深蹲的起始姿勢。臀部盡可能下放，腳尖朝外。肛門在這個姿勢下會確實張開。

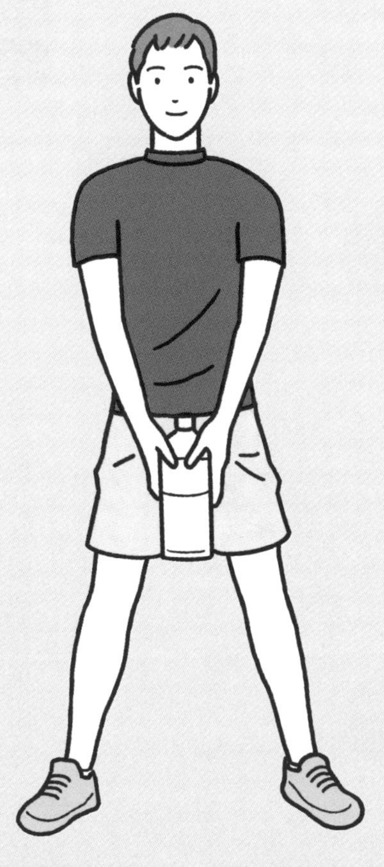

# 2

想像自己在拔蘿蔔，一邊收緊肛門，一邊伸直膝蓋起身，接著再回到原位。每組十次，目標兩到三組。

鍛鍊臀大肌等豎脊肌可穩定骨盆，改善姿勢，進而預防腰痛。

## ● 提臀

1 仰躺屈膝，雙手放在地上。

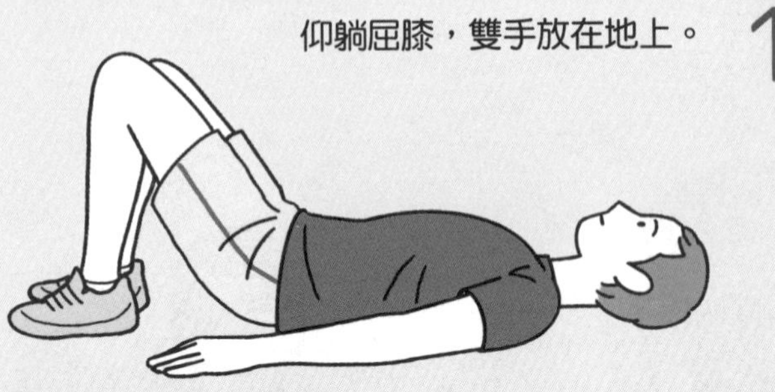

2 用四秒提起臀部，至膝蓋與胸口呈一直線，停止一秒，再用四秒回到原位。每組二十次，目標兩到三組。

膝蓋過彎可能導致膝蓋受傷。

# ●斜板運動

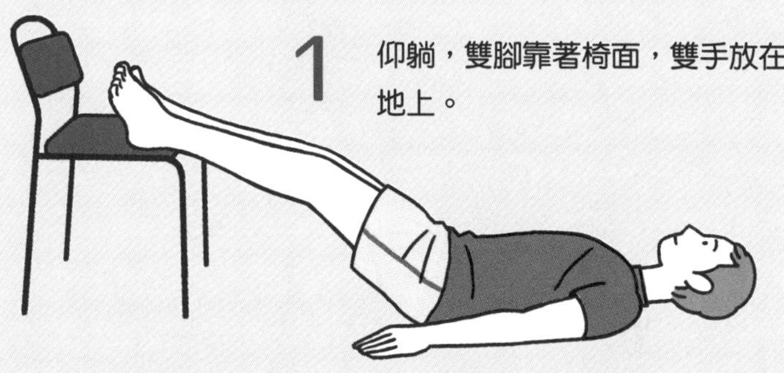

1 仰躺，雙腳靠著椅面，雙手放在地上。

2 用四秒提起臀部，至小腿與胸口呈一直線時停止一秒，再用四秒回到原位。每組二十次，目標兩到三組。

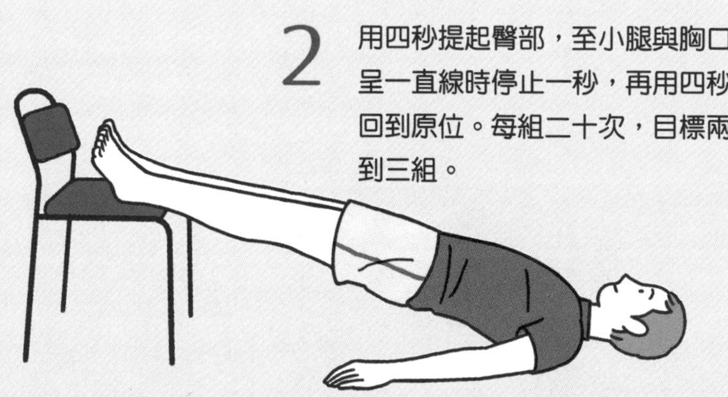

若想稍微提升強度，雙手可擺出「向前看齊」的姿勢。

# 虛寒

身體末梢容易冰冷的人，應養成活動腳指的習慣。搭配基本練腳同時進行可改善血液循環，使體質不易虛寒。

## ●腳指猜拳

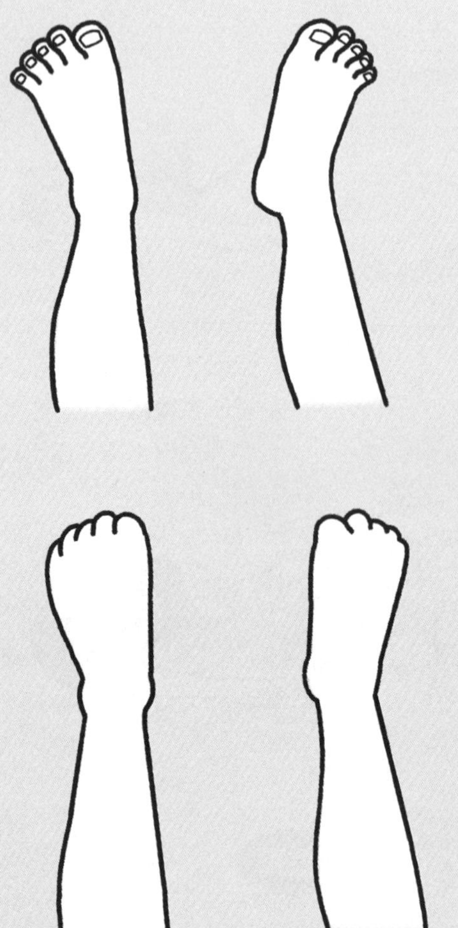

建議洗澡時做。坐在浴缸內伸直雙腳，腳指反覆比出剪刀、石頭、布。

# 第3章

# 延長健康壽命的生活飲食習慣

### 延長健康壽命的習慣❶

# 不要躲樓梯，要善用樓梯

對於忙到沒時間運動的人而言，有種練腳方式不僅門檻低，效果又好。那就是在日常生活中積極使用樓梯。

**盡量不使用車站、辦公室、百貨公司、購物中心設置的手扶梯和電梯。光是這樣就能夠鍛鍊雙腳。**

市區的車站常看到手扶梯排了很多人，一旁的樓梯卻空空蕩蕩，幾乎沒有人走。您是否也會下意識地去排手扶梯呢？

為什麼在車站或辦公室要使用手扶梯和電梯呢？不少人都說「因為很累」，不過我們先來想想，這裡的「累」意味著什麼。

如果疲憊是來自於身體勞動、長時間站著工作、到外面跑業務等等，那就是屬於肉體上的疲憊。這時候使用手扶梯也無妨，不必勉強走樓梯。**如果是連續開會和長時間坐在辦公桌前造成的疲憊，或是被人際關係的壓力搞得精疲力盡，這種「累」便不屬於肉體上的疲憊。這時候就應該選擇走樓梯**。

開會辦公之所以會累，是因為長時間坐在椅子上的關係。倦怠感的原因反而是出在不活動身體。若是把它誤認成肉體上的疲憊，老是不使用身體，身體將日益衰退，倦怠感也無法消除。如果開會辦公會覺得累，只要常走樓梯活動雙腳，促進血液循環，自然能夠擺脫疲倦，神清氣爽。

**上下樓梯消耗的熱量是靜止時的三到四倍**。依體重和肌肉量而異，大致來說，**上下樓梯五分鐘約可消耗四十大卡**。雖然一次可能很難走到五分鐘，但只要活用車站、辦公室、天橋、住家公寓等地的樓梯，便能增加一天消耗的熱量。

在上下樓梯的過程中，會不斷出現單腳站立支撐體重的瞬間，是非常好的練腳方式，尤其適合沒有運動習慣的人。上樓梯時主要可鍛鍊屁股的臀大肌，以及大腿後側的膕旁肌。兩者都屬於協助股關節伸展，使腳往後上提的肌肉。**上樓梯時略微前傾，**

**刻意讓屁股和大腿後側出力，可達到更好的訓練效果**。

下樓梯時主要可鍛鍊大腿前側的大腿四頭肌。大腿四頭肌出力時會產生肌肉長度不變的等長收縮（Isometric contraction），藉此吸收著地衝擊。此外，屁股側邊的臀中肌在上下樓梯時也發揮了很大的作用。臀中肌在單腳站立時，負責支撐骨盆免於傾斜，因此鍛鍊臀中肌也有助於保持平衡。

## ▲上下樓梯是容易養成習慣的訓練

上下樓梯的好處在於可以每天做，容易養成習慣。只要下定決心在車站和辦公室使用樓梯，要每天實行絕非難事。

就算上健身房鍛鍊雙腳，如果頻率只有每週一次或者每個月一次，這樣對肌肉也不會造成多少刺激，很難讓肌肉量增加。然而，沒有運動習慣的人開始每天走樓梯後，即便時間不長，還是可以明顯感受到鍛鍊雙腳的效果。哪怕只是件小事，持續下去就能產生巨大的變化。

順帶一提，由於下樓梯是以一定程度的速度從高處著地，對腰部膝蓋的負擔自然比上樓梯大。**如果是年事已高、沒有運動經驗及腰腿不穩定的人，建議最好先從上樓梯開始，下樓盡量使用手扶梯和電扶梯**。

最近公司企業紛紛鼓勵居家上班。對於原本幾乎只在自家和公司間往返，以及工作中移動的人來說，居家上班將導致每天活動量遽減。因此，必須靠走路去買東西、積極使用天橋、每天抽空散步等方式，用心維持腳力。

# 正是因為老了，搭電車跟公車才要多站著

搭電車或公車的時候，許多人看到空位，應該都會下意識去坐吧。有些人還會因為工作很累、站著很累等理由積極找位子坐。每次車門一打開，也常看到一些上班族爭先恐後地尋找空位。

覺得工作很累的人，應該先試著尋找疲憊的原因。如果是長時間站立行走造成肉體上的疲累，坐下來讓身體休息倒也無妨。不過假使老是坐著辦公、開會或加班，搭電車跟公車回家時卻還坐著的話，一整天就幾乎都黏在椅子上了。這樣不但會造成雙腳衰退，還可能導致骨盆歪斜和腰痛。

覺得站著搭電車公車很累的人，也有一些問題。長距離移動途中站一、兩個小時當然會累，不過**人體並沒有脆弱到站個十幾二十分鐘就覺得累**。如果才站一下就累了

的話，這就表示身體已無法支撐自己的體重。這種人很有可能是體重過重，或者雙腳肌肉衰退。

訓練時偶爾會使用健身球或平衡板，刻意讓身體處在不穩定的環境中。在身體搖晃的狀態下進行訓練，可以帶來各種效果，像是強化提升膝蓋穩定性的穩定肌群，還能刺激掌控平衡感的小腦，鍛鍊平衡能力。

**站在搖晃的電車公車裡，效果類似用健身球或平衡板進行平衡訓練**。除了能鍛鍊到腳踝、膝蓋和股關節周邊的穩定肌群外，小腦功能也會變得特別活絡。

倘若平時不做需要平衡能力的運動，平衡能力將日益衰退。一旦平衡能力衰退，走路就會變得容易跌倒，甚至有可能意外受重傷。想擁有強健的腰腿，搭電車跟公車時就應該多站著。

延長健康壽命的習慣❸

# 別過度仰賴現代科技的便利性

跟我小時候相比，現代社會變得非常便利。車站、辦公室、百貨公司，甚至公寓，到處都設有手扶梯和電梯，即便不走樓梯也有辦法移動。

雖然無障礙空間設計的進步是件好事，但**健康的成年人連移動一、兩層樓都要仰賴手扶梯或電梯，這也未免太縱容自己的身體了**。

隨著網路平台服務發達，購物也變得相當方便。大多數日常用品只要滑滑手機，就會送到家中。最近餐飲業也提供了完善的外送服務，即便不出門也吃得到知名餐廳的料理。這樣一來就不必靠自己搬重物，在家也能享受在外飲食的氛圍，生病受傷時更是省卻了許多麻煩。

不過假使過於依賴網路的便利性，最後有可能會過著足不出戶的生活。待在家裡遠距上班、吃飯叫外送、購物靠網購，這種生活持續下去，別說腳了，身體各種機能都會逐漸衰退。

家事也日益自動化，像洗碗掃地都可以交給機器處理。未來說不定連洗澡、掃廁所、擦窗戶都是由機器人一手包辦。光是坐在椅子上就能自動開車的時代，似乎已經不遠了。

基本上，方便當然是值得高興的事，不過一考慮到身體，過於依賴便利性的生活就不盡然只有好處了。以前的人或許只要正常生活就能確保一定程度的活動量，給予肌肉需要的刺激，然而在現代社會不刻意活動身體的話，便無法維持常保健康所需的肌肉量和肌力。

**走路去買東西、使用樓梯、自己打掃**。為了不讓雙腳衰退，就必須像這樣，刻意避免依賴便利性。

延長健康壽命的習慣④

# 一天要攝取十四種食物

除了運動以外，均衡的飲食習慣也是強健雙腳、維持身體健康不可或缺的要素。

常聽到有人在嘗試完全避開醣類、只吃特定食物的「○○減肥法」，但**靠著極度偏食的飲食習慣，絕不可能成功健康瘦身**。雖然體重可能會暫時減輕，但重要的肌肉也會隨著體脂肪一起流失，身體各方面機能還會產生種種毛病，實在不值得鼓勵。醣類、蛋白質、脂質、維生素、礦物質、膳食纖維都要適度攝取，這點非常重要。

你是否均衡攝取了各種營養素呢？出社會之後，許多人的飲食習慣都形成特定的模式。依照各自生活型態和喜好不同，像是吃飯時間和次數、吃麵包或吃飯、一餐吃幾種食物、吃點心的頻率等等都固定下來了。

**在模式化的飲食習慣下攝取過多熱量，體重將逐漸增加。如果又長期缺乏維生素**

**和礦物質，身體終究會出問題**。因為偏食而缺乏某些營養素的人，應該重新審視自己已形成固定模式的飲食習慣。

那麼該怎麼做，才能適度攝取醣類、蛋白質、脂質、維生素、礦物質和膳食纖維等六大營養素呢？厚生勞動省和農林水產省共同製作了「飲食均衡指南」，做為預防慢性病的飲食習慣參考。這份指南將食物分為主食、主菜、副菜、牛奶．乳製品、水果等五大類，並標明攝取量的標準。

這份指南寫得很好，照著做就能擁有良好的飲食習慣。美中不足的是，指南內容稍嫌複雜。我也常用它為學員進行營養指導，可惜沒有一個人能維持「飲食均衡指南」的飲食習慣。雖然理智上明白這麼做是好的，但複雜的東西實在很難持續下去。

有了這樣的經驗後，為了讓學員能夠輕鬆擁有均衡的飲食習慣，我開始利用**一天十四種食物飲食法**進行飲食指導。做法非常簡單，也不需要計算熱量。這十四種食物如下：

1. 穀類（白米、糙米、麵包、年糕、義大利麵、烏龍麵、蕎麥麵、油麵、穀物脆片等等）
2. 肉類（牛肉、豬肉、雞肉等等 ※含香腸火腿等加工製品）
3. 海鮮類（魚、烏賊、章魚、蝦、貝類等等）
4. 豆類·豆製品（黃豆、豆腐、納豆、豆漿、扁豆、鷹嘴豆等等）
5. 蛋（生蛋、水煮蛋、煎蛋、蛋豆腐、皮蛋等等）
6. 牛奶·乳製品（牛奶、起司、優格等等）
7. 黃綠色蔬菜（番茄、菠菜、青花菜、紅蘿蔔、甜椒等等）
8. 淺色蔬菜（白蘿蔔、高麗菜、萵苣、洋蔥、白菜、蕪菁、茄子等等）
9. 菇類（香菇、鴻喜菇、舞菇、金針菇、杏鮑菇、滑菇等等）
10. 根莖類（馬鈴薯、地瓜、芋頭、蒟蒻、山藥等等）

11. **海藻類（裙帶菜、羊栖菜、海苔、海蘊草、昆布、寒天等等）**

12. **水果類（蘋果、橘子、柳橙、奇異果、香蕉、葡萄、梨子等等）**

13. **油脂類（橄欖油、奶油、美乃滋、豬油、油炸物等等）**

14. **嗜好品（酒精、巧克力、蛋糕、餅乾、洋芋片等等）**

**上述十四種食物每天各吃一次**，即為一天十四種食物飲食法。不過吃米飯麵包等穀類可以攝取主要供應活動所需能量的醣類，所以破例每餐都吃也無妨。

只要留意一天吃滿十四種食物，便**可以確保營養均衡，避免攝取過多熱量**。

例如肉類，是重要的蛋白質來源。選擇牛肉可額外攝取到鐵和鋅，豬肉是維生素B群，雞肉則是維生素A和維生素E。

海鮮類不僅蘊含豐富的蛋白質，也可攝取維生素和礦物質。例如鮭魚含維生素D、鰹魚含維生素B群、牡蠣含鋅，蜆則是含鐵。此外，沙丁魚、秋刀魚、竹筴魚等藍色魚含有ＥＰＡ、ＤＨＡ等體內無法合成的必需脂肪酸。要打造健康的體魄，絕對少不了海鮮類。

## ▲建議食用黃豆、豆製品及雞蛋

有些豆製・乳製品內含許多蛋白質，如黃豆、黃豆製品、花生等等，有些則含有許多醣類，如扁豆、鷹嘴豆等等。而黃豆及豆製品還可攝取到鈣和鎂，**豆腐、納豆、豆漿等等都是非常推薦的食品**。

一顆雞蛋不僅可攝取到約六・四克的蛋白質，還含有維生素Ａ、維生素Ｂ群、維生素Ｄ、維生素Ｅ、鐵、鋅、鈣、鎂等等，故又稱完全食品。價格相對低廉，料理變化豐富，也是雞蛋的優點。

牛奶跟乳製品含有蛋白質和脂質，是珍貴的鈣質來源。**缺乏蛋白質會造成肌肉量減少，缺乏鈣質則會導致骨質疏鬆症，而牛奶和優格都是便於預防這些問題的食品**。

黃綠色蔬菜及淺色蔬菜富含維生素、礦物質及膳食纖維。順帶一提，厚生勞動省建議一天的蔬菜攝取量為三百五十克，然而日本人每天卻攝取不到三百克。黃綠色蔬菜和淺色蔬菜熱量不高，吃多了也不容易攝取過多熱量。

菇類含有膳食纖維及礦物質，是代表性的低熱量食物。**尤其香菇不僅含有鎂和鋅，維生素D也很豐富**。

**海藻類含有礦物質和膳食纖維**。如羊栖菜、海苔、昆布及裙帶菜富含鐵和鈣，石蓴則富含鈣。

根莖類含有許多醣類，跟穀類同屬能量來源。而且膳食纖維豐富，從馬鈴薯和地瓜之中還可攝取到大量維生素C。

厚生勞動省建議一天的水果攝取量為兩百克，相當於兩顆橘子或奇異果、一顆蘋果或梨子，香蕉則是兩根。水果跟黃綠色蔬菜和淺色蔬菜一樣，皆富含維生素與礦物質。

炸雞、可樂餅、炸豬排等使用大量植物油烹調的食物，以及以油為基底的義大利麵、淋滿美乃滋或沙拉醬的沙拉等等，都算油脂類。如果炒菜時僅使用少量的油，則不必算到一次。

嗜好品主要是酒和點心。雖然不是非攝取不可，但為了讓均衡的飲食習慣能夠持續下去，一天請攝取一次，做為給自己的獎勵。

## ▲如何攝取十四種食物

十四種食物每天各攝取一次（穀類可每餐都吃）即為一天十四種飲食法。無須複雜的計算，便可自然養成營養均衡的飲食習慣。

儘管習慣了之後，就會知道自己有吃什麼跟沒吃什麼，但在那之前，還是要仔細確認自己吃過哪些食物。

例如，早餐菜色有番茄、荷包蛋、青花菜沙拉和優格。這樣就攝取完穀類、蛋、黃綠色蔬菜、牛奶．乳製品等四樣。

除了穀類以外，中餐應該吃早餐沒吃到的東西。例如可在餐廳點一份烤魚套餐。

套餐附有米飯、烤魚、加了裙帶菜和滑菇的味噌湯、涼拌豆腐和醃白菜。這樣就吃到魚類、海藻類、菇類、豆類．豆製品及淺色蔬菜。

剩下肉類、根莖類、水果、油脂類及嗜好品。如果晚餐再配點酒、享用薑汁燒肉、馬鈴薯沙拉、甜點和當季水果，十四種食物就全部吃完了。

控制嗜好品的攝取量非常重要。**點心的攝取標準為一天一百五十到兩百大卡，酒類則以啤酒五百毫升、紅酒兩小杯、日本酒一百八十毫升為宜**。此外，每日飲酒會對肝臟造成負擔，所以每週最少要有兩天禁酒養肝，三天更好。

指導學員進行一天十四種食物飲食法時，學員常反映不易攝取到菇類和海藻類。這時我都建議學員喝味噌湯。菇類和海藻類都跟味噌湯很搭，平常家中常備乾香菇、裙帶菜、羊栖菜、海苔等乾貨，要煮隨時都有。

延長健康壽命的習慣⑤

# 年紀越大，越要補充蛋白質

蛋白質是構成人體的重要營養素，人體約20%為蛋白質所組成。而人體約60%為水分，可見蛋白質占的比例有多大。

蛋白質不僅構成了肌肉、骨骼、血管和內臟，也是皮膚、頭髮和指甲的原料。此外，製造調節生體機能的激素和酵素時，更少不了蛋白質。蛋白質是打造健康體魄的基礎，任何人都應該主動積極攝取。大家每天有攝取足夠的蛋白質嗎？

根據厚生勞動省公布的二〇二〇年版「日本人飲食攝取基準」，蛋白質建議攝取量為成年男性一天六十五克，成年女性一天五十克。當然，蛋白質所需量也依體型而異，**可用一公斤體重攝取一克蛋白質為標準**。如果體重是七十公斤，就應該攝取七十克蛋白質。

常聽到有人說，上了年紀最好多吃粗糙的食物，少吃魚和肉，不過這其實是無稽之談。長期暴飲暴食導致發胖的人靠吃粗食減重，或者因為疾病和過敏等因素，醫生要求必須節制特定食物，這些都算情有可原。確實有人是因此不能吃脂肪多的食物，也無法攝取蛋和乳製品。

不過，沒有這些限制的人不用因為上了年紀就改吃粗食。**不積極攝取蛋白質的話，反倒會因為缺乏蛋白質而導致肌肉量減少，連帶腰腿也跟著衰退**。

尤其**高齡者必須比年輕人更積極攝取魚和肉類**。針對合成肌肉的蛋白質，學者實際比較過年輕人跟高齡者的攝取能力。研究數據指出，年輕人少量攝取（七到十克）時仍可刺激肌肉合成，高齡者卻幾乎產生不了任何效果。有些高齡者自以為攝取了蛋白質，卻有可能因為攝取量太少，而難以促進肌肉合成。

高齡者合成肌肉的能力之所以較年輕人差，原因應該是肌肉感受性變遲鈍，難以感知蛋白質分解成的胺基酸。要解決這個問題，**每餐可攝取二十五到三十克蛋白質**。而攝取大幅促進肌肉合成的白胺酸，也能有效改善胺基酸的使用效率。

## ▲蛋白質的「品質」也要注意

蛋白質由二十種胺基酸所組成。其中九種（白胺酸（leucine）、異白胺酸（isoleucine）、纈胺酸（valine）、離胺酸（lysine）、甲硫胺酸（methionine）、苯丙胺酸（phenylalanine）、羥丁胺酸（threonine）、色胺酸（tryptophan）、組胺酸（histidine）無法於體內合成，必須透過每日的飲食攝取，故稱為必需胺基酸。

必需胺基酸只要缺乏任何一種，體內便無法有效合成蛋白質。

坊間常聽到「多攝取優質蛋白質」的說法。所謂優質蛋白質，是指富含九種必需胺基酸的食品。根據FAO（聯合國糧食及農業組織）及WHO（世界衛生組織）提出的胺基酸評分標準，九種胺基酸皆超過基準值即為一百分，屬於優質蛋白質。

**選擇攝取肉類、魚類等胺基酸分數高的食品，便可滿足人體所需的必需胺基酸**。

反之，只要其中一種必需胺基酸未達基準值，就會拉低食品的胺基酸分數。例如精製白米其他胺基酸皆達基準值，離胺酸含量卻只有基準值的65%，所以胺基酸分數只有六十五。

此外，**一次攝取大量蛋白質，身體反而難以利用，最好是分三餐均衡攝取**。一個巴掌大小的肉類或魚類（100克）可攝取到約20克蛋白質。例如早、中、晚餐分別吃一個巴掌大小的烤魚、薑汁燒肉及牛排，整天下來共可攝取60克左右的蛋白質（雖然這裡吃了兩次肉，但僅供範例參考）。當然，由於其他配菜也含有蛋白質，實際上高齡者每次用餐確實可能滿足二十五到三十克蛋白質建議攝取量。

不光是魚和肉，其他還有許多富含蛋白質的食品。例如蛋。一顆雞蛋約含6克蛋白質。只要早餐加入一顆水煮蛋，便可輕易增加蛋白質攝取量。

豆製品的蛋白質含量也很豐富。像是一盒納豆約含8克蛋白質，100克豆腐、炸豆腐餅及油豆腐的蛋白質含量分別約為6．6克、15．3克及10．7克。

## ▲應有效活用乳製品

牛奶、優格等乳製品也是很推薦的食品。**一杯牛奶不僅可攝取到約6克蛋白質，相較於超市販售的胺基酸飲料，牛奶更含有非常多的必需胺基酸**。

由於優格和起司的蛋白質含量依品牌而異，選擇時應仔細確認成分表，不過蛋白質確實都相當豐富。除了加入料理之中，優格和起司還能用來製作零食和甜點。

一旦缺乏蛋白質，就算再怎麼認真訓練，肌肉量也不會增加。為了不讓自己的努力白費，應特別注意蛋白質的攝取。

## 主要食品的蛋白質含量與胺基酸分數

| 食品名稱 | 食品 | 蛋白質 ※1 | 胺基酸分數 |
|---|---|---|---|
| 穀 類 | 精製白米 | 6.1g | 65 |
| | 吐司 | 8.9g | 44 |
| | 玉米片 | 7.8g | 16 |
| 根莖類 | 地瓜 | 1.2g | 88 |
| | 馬鈴薯 | 1.9g | 68 |
| 豆 類 | 黃豆（國產全粒，乾） | 33.8g | 86 |
| | 蠶豆（全粒，乾） | 26.0g | 59 |
| 海鮮類 | 黑鮪魚生魚片 | 24.8g | 100 |
| | 鮭魚（生） | 21.7g | 100 |
| | 蛤蜊 | 6.0g | 81 |
| 肉 類 | 去脂沙朗和牛 | 12.9g | 100 |
| | 去皮嫩雞胸 | 23.3g | 100 |
| | 培根 | 12.9g | 95 |
| 蛋 類 | 蛋白（生） | 10.5g | 100 |
| 奶 類 | 牛奶 | 3.3g | 100 |
| 蔬菜類 | 紅蘿蔔（生） | 1.1g | 55 |

※1　100g 可食用部分的蛋白質含量

出處：『日本食品標準成分表 2015 年版（七訂）』（全國官報販賣合作社）

# 別刻意杜絕醣類及油脂攝取

有些人為了減肥，便澈底杜絕醣類與脂質。由於過度攝取會導致肥胖及慢性病，這種行為自然要避免，不過醣類和脂質都是維持身體健康不可或缺的營養素，絕對不是什麼罪大惡極的壞東西。

醣類、脂質和蛋白質合稱三大營養素，身體活動的能量全都來自它們。**長期不攝取醣類和脂質，蛋白質就會被用作能量來源，自然也就造成蛋白質不足，肌肉量減退**。所以不是光攝取蛋白質就沒事了。

醣類是人體非常重要的能量來源。尤其腦部和神經細胞沒有將脂質轉換為能量的粒線體，所以原則上醣類可說是腦部和神經細胞唯一的能量來源。此外，醣類還具備了與脂質結合形成細胞膜保護細胞，以免水分過度流失的功能。也就是說，徹底杜絕醣類，對身體是有害處的。

肌肉的能量來源多半為醣類與脂質，進行高強度運動時則主要使用醣類。因此，缺乏醣類也會導致運動品質低下，也無法持久。

脂質的熱量比醣類和蛋白質高（醣類和脂質一克是4大卡，脂質一克則是9大卡），有人可能因此對脂質抱持負面印象，不過脂質也是重要的營養素。除了供應能量外，脂質還具有構成細胞膜與激素的重要功能。

構成脂質的脂肪酸之中，還包含了體內無法合成的必需脂肪酸。**必需脂肪酸得透過飲食攝取，缺乏時將導致皮膚發炎、掉髮、高血脂症等問題**。

根據厚生勞動省制定的二〇二〇年版「日本人飲食攝取基準」，醣類、脂質、蛋白質的建議攝取比例為醣類50～65％，脂質20～30％，蛋白質13～20％。雖然醣類和脂質都要注意避免攝取過度，但每餐適度攝取也非常重要。

延長健康壽命的習慣 7

# 高跟鞋、夾腳拖、涼鞋通通丟掉

讓我們試著打赤腳，雙腳打開與骨盆同寬，挺直背脊站好。這種狀態並不會對全身任何部位造成過度的負擔。再來，試著往前走幾步。除非骨頭和肌肉已經出了毛病，關節的可動範圍變窄，不然現在走路的動作就是人類原本最自然的樣子。活動身體時負荷不會集中在部分關節，而且該收縮的肌肉收縮，該伸展的肌肉伸展。

那麼，如果穿上高跟鞋會變成怎樣呢？穿高跟鞋要抬起腳跟，用腳尖站立。此時小腿肚的小腿三頭肌收縮，拮抗肌前脛骨肌拉伸，形成自然前傾的姿勢。為了避免跌倒，走路時必需挺起身體，使得骨盆下意識前傾，變成後仰狀態。

在持續抬高腳跟走路的情況下，抬起腳的方式也會改變。由於腳尖一直朝下，前脛骨肌幾乎派不上用場，負擔大多落在小腿三頭肌上。足弓也幾乎用不到，無法緩衝著地衝擊，導致關節負荷變重。**長期穿高跟鞋站立、行走，身體平衡將會崩潰**。

拖鞋和涼鞋也會妨礙人類原本自然的行走方式。在走路的過程中，腳尖上抬之後先由腳跟著地，接著足弓緩衝著地衝擊，直到腳尖著地。然後腳尖下放、擦過地面，將腳帶往前方。

不過，若是穿上拖鞋、涼鞋這種腳跟沒包起來的鞋子，為了不讓鞋子脫落，腳尖會一直呈現上抬狀態，導致走路時步伐拖沓。**除了踝關節，膝關節也幾乎不會伸屈**。這樣當然會造成身體平衡崩潰。

雖然不是說完全不能穿高跟鞋、涼鞋和拖鞋，但要務必記得，穿久了腰腿會出問題。

## 延長健康壽命的習慣8

# 留意坐姿

自從公司企業因應疫情、開始鼓勵居家上班以來，許多人在家工作的時間也變長了。主要在家工作的人，往往會開始講究座椅。為了避免腰痛的困擾，也有人選擇使用高性能座椅。

不過我並不建議坐高性能座椅。的確，高性能座椅能夠妥善支撐人體，避免腰部承受過多負擔，支撐力非常強。看到這裡，你或許會覺得高性能座椅好處多多，**不過長期來看，優秀的支撐力其實對身體無益**。

當身體坐上支撐力強的高性能座椅時，幾乎不會用到維持正確姿勢所需的肌肉。肌肉不用會衰退。倘若居家上班期間一直仰賴高性能座椅來支撐身體，肌肉將會變得越來越難支撐自己的身體。

在不仰賴椅背和扶手的情況下，或許很難整天挺直背脊維持正確姿勢，不過哪怕三十分鐘或一小時也好，都應該努力靠著自己的力量，維持正確姿勢。**這裡我建議用健身球取代椅子。坐健身球不僅是很好的肌肉鍛鍊方式，還能刺激掌管平衡的小腦。**

另外，我也不鼓勵長時間坐在柔軟的沙發上。坐在像沙發這種高度不高又柔軟的椅子上時，腰背容易拱起來，形成骨盆後傾的姿勢。長時間處在骨盆後傾的狀態下，連接腰椎、骨盆及大腿骨的髂腰肌將逐漸衰退。

要避免這種情況發生，重點在於坐下時坐骨接觸椅面，用坐骨承接體重，並立起骨盆。骨盆立起後挺直背脊，頭也要正確擺在脊椎上。這樣維持姿勢所需的肌肉就會確實發揮功能，也能預防腰痛。

雖然不是不能坐在沙發上放鬆，但最好注意不要長時間久坐。

## 延長健康壽命的習慣❾

# 睡個好覺，提升睡眠品質

即便到了七、八十歲，肌肉量還是有辦法增加。肌肉量減少不是因為年齡增長，而是少活動和缺乏營養所致。

**不過，消除疲勞的速度會隨著年齡增長而衰退**。其實，在如何消除疲勞這個問題上，即使是資深運動選手也煞費苦心。

從事體能訓練師的職涯中，常有人向我討教「消除疲勞的祕招」，不過遺憾的是，吃〇〇或喝△△，是無法消除疲勞的。

**無論是肉體上或精神上，要消除疲勞恢復體力，充分的高品質睡眠才是關鍵**。

提到睡眠的重要性，往往會牽扯到「該睡多久」的問題。雖然這方面有許多相關研究報告，卻都無法給出定論，現階段普遍還是認為個人的體質影響較大。有些人睡六小時就夠了，有些人卻必須睡滿八小時。

除了確保自己需要的睡眠時間外，提升睡眠品質也很重要。明明已經睡得夠多，早上醒來時卻精神不振，倦意未消，這種人很有可能是睡眠品質不佳。

提升睡眠品質的其中一種方式，是**留意晚餐時間和內容**。雖然每個人情況各有不同，但牛排、天婦羅等脂質含量高的食品，通常需要花四小時以上的時間消化（米飯、吐司、烏龍麵為兩到三小時）。倘若就寢前吃了較難消化的食物，入睡後腸胃就還得花大部分時間消化食物，這樣自然無法充分消除身體的疲勞。

要提升睡眠品質，重點在於**盡量拉開晚餐到就寢的間隔時間。如果實行上有困難，就應該避免吃較難消化的食物**。

此外，酒精也會導致睡眠品質降低。有些人可能覺得「喝了酒很好睡」，不過為了睡眠品質著想，個人不建議睡前飲酒。酒或許可以帶來助眠的效果，然而睡前攝取酒精往往容易淺眠，難以充分恢復體力。

入浴可以有效提升睡眠品質。就寢前一到兩小時泡個偏溫的熱水澡，不但可以適度提升體溫，在放鬆狀態下，副交感神經也會變得活躍，讓人更好入睡。不過要注意水溫不能太高，不然泡完澡時身體會產生強烈的降溫反應，導致手腳冰冷。

造成睡眠呼吸中止症的肥胖，以及降低自律神經功能的抽菸和缺乏運動，這些也是睡眠品質低下的原因。

要維持健康，必須提升睡眠品質；要改善睡眠品質，就得養成健康的生活習慣。

# 第4章

# 維持運動習慣的訣竅

維持運動習慣的訣竅❶

# 三天打魚兩天曬網也沒關係

挑戰新事物時，許多人總會躍躍欲試。無論運動、學習技藝，還是減肥，剛開始動力總是特別強。不過新鮮感往往會隨著時間逐漸淡化。雖然初次經驗總是令人興奮不已，但經歷過好幾次之後就會逐漸習慣，最初的新鮮感也會隨之降低。

如果這時找不到增加新鮮感的刺激，動力多半容易就此下滑。即便好不容易開始運動了，一旦新鮮感降低，最後往往會因為工作忙碌、臨時有事、天氣不好等因素而停止運動。這就是俗稱的「三天打魚、兩天曬網」。

不過，就算本書介紹的訓練方式和生活飲食習慣沒能堅持下去，你也不必為此感到沮喪，認為自己意志力薄弱，隨隨便便就放棄了。請放心，其實我偶爾也會偷懶不訓練。

據說有八成的人即便開始做某件事情，一年內還是會回到以前的習慣。這種現象稱為退化原理。持之以恆對任何人來說都很困難，偷懶是理所當然的事。三天打魚、兩天曬網根本不足為奇。

**不要把偷懶想得太負面，而是要積極看待自己挑戰過的事實**。就算訓練堅持不了多久，大不了再重新開始挑戰囉。

換個角度來想，三天打魚兩天曬網，好歹也持續了三天。反覆十次就是三十天，等於訓練了一個月。沒有運動習慣的人竟能完成一個月份的訓練，這是多麼了不起的事啊。

「偷懶↓試試看↓偷懶↓再試試看」，只要不斷反覆這個過程就夠了。哪怕是再怎麼缺乏毅力，**只要不中斷太久，體能、外表、健檢數據等等一定會出現好的變化**。意識到這點後，自然就會產生持續下去的動力，不知不覺養成運動與健康飲食的習慣。

## 維持運動習慣的訣竅❷

# 設定目標時應著重成功經驗

有個心理學用語叫自我效能（Self-efficacy），意思是個人對於「某項目標能否能實行或達成」的信心。

自我效能的高低，會反應在做事的持續力上面。**自我效能高的人面對失敗時始終鍥而不捨，即便不斷受挫，也還是能夠再重新挑戰**。另一方面，自我效能低的人受過一次挫折，就很難提起動力重新挑戰，最後多半就這樣放棄了。

運動員常在訪談中提到「練習不會背叛你」。雖然這也有振奮士氣的用意在，但他們平常在練習時累積了無數微小的成功經驗，擁有高度自我效能，並相信自己照著練習時的方式做，正式上場也會很順利，才有辦法說出這樣的話來。

有人說孩子越誇獎越進步，這也是提升自我效能的方法。當旁人為了微不足道的小事誇獎孩子時，孩子將因此獲得微小的成功經驗，使得自我效能提升。

那麼，怎樣才能累積成功經驗，提升自我效能呢？關鍵在於設定目標的方法。

例如決定減肥，將目標設定為「三個月瘦五公斤」。假使途中遭受挫折，沒能達成這個目標，心中就只會留下減肥失敗的經驗，完全沒得到任何「成功戳印」。

多次失敗將導致自我效能減低，失去自信，每當挑戰什麼事情時都會消極地認定「反正自己辦不到」。

要累積成功經驗，提升自我效能，設定目標時必須更加細分。**也就是設立小目標，以便達成大目標**「三個月瘦五公斤」。

禮拜天跑步、禮拜一和禮拜三鍛鍊肌肉、每週排三天養肝日等等。類似像這樣，依照星期幾或以週為單位設定目標。

若能順利達成鍛鍊肌肉和養肝日的目標，就可以為自己蓋兩個成功戳印。若這週累積了兩個成功戳印，就算累到沒去跑步，心情應該也不至於太沮喪。

對於從未減肥過的人來說，如果只有「三個月瘦五公斤」這個目標，他們根本不知道實現目標所需的步驟、時間和精力。這樣一來，自然也就不會採取任何行動。

所以，重要的是先列出完成一個大目標之前需要什麼，並逐一達成。

## ▲寫運動日誌也是有效鍛鍊雙腳的方法

在月曆或行事曆上記錄當天的運動內容，也能有效提升自我效能。像是記下深蹲次數、健走或跑步的距離和時間，並附上簡單的感想。

即便過程中偶爾偷懶，但持續了一、兩個月，運動量應該也相當可觀。**留下「可見」的紀錄，可以在日後回顧時帶來自信，讓人更容易察覺到體重計上看不見的變化**。

原本健走十五分鐘就很累了，現在卻能連續跑三十分鐘，而且爬樓梯不會喘，深蹲次數也變多了。這些可見的發現，一定能為你帶來強烈的自信心與持續練腳的動力。

另外，也可以利用社群網路。每次訓練、跑步、去健身房都在社群網路上發文，這樣得到「讚」或回應時，就會想要繼續努力下去。

製作屬於自己的運動日誌之餘，也請務必好好誇獎自己。**只要安排訓練的那天有做到這點，就算是成功了**。不管當天有沒有完成訓練，這一連串的成功依然有助於打造未來健康的體魄。

### 維持運動習慣的訣竅❸

## 成功率50％的目標最能提升自我效能

前面提到，累積微小的成功經驗可提升自我效能，進而達成大目標。接著來談談設定目標的理想標準。

就結論來說，**設定目標時應以成敗機率各占50％，感覺好像有把握、又好像沒把握的程度為宜**。

如果目標太不切實際，根本不會想要開始，更別說持續下去了。可是設定一個易如反掌的目標，又得不到成就感和感動，也無益於提升自我效能。

以訓練為例，簡單到百分之百能夠達成的目標，往往負荷不足、頻率過低，成效也有限。這樣可能要花很久的時間持續訓練才能感覺到成效，容易讓人萌生出「自己這麼努力卻沒有效果」的感受。

如果是成功機率５０％的目標，**達成目標時就會很有成就感，自我效能也會隨之提升**。而有了這次的成功經驗後，通常也會產生繼續堅持下去的動力。

至於怎樣才算是合乎成功機率５０％的標準，這就取決於個人主觀認定了。對於定期參加馬拉松賽的一般民眾來說，「每週做超過三十分鐘的有氧運動三次」是一個可以輕鬆執行、甚至早已達成的目標。對於愛好健身的人而言，「每週練腳三次」也不是什麼難事。

不過，對沒有運動經驗的高齡者來說，剛起頭時恐怕很難每週做超過三十分鐘的有氧運動三次，或者每週練腳三次。

各位不妨透過自問自答的方式，來設定自認成功機率有５０％的目標，並實際嘗試看看。**如果開始嘗試後發現幾乎辦不到，那就表示目標設定得太高了。如果實行起來毫不費力，甚至毫無樂趣，那就表示目標設定得太低了**。這時就應該重新設定目標。

## 維持運動習慣的訣竅❹

# 沒練完也很棒

不是「一百分」就是「零分」，不是「有做」就是「沒做」。若要持續運動，累積成功經驗，這種想法將會成為阻礙。

例如原本預計跑三十分鐘，最後跑二十分鐘就停了，或是打算總共做三組二十次的深蹲，最後一組卻只做了五次。如果用一百分或零分的觀點來看，這樣就會變成失敗經驗了。不過，**畢竟實際上真的有做運動，效果絕對比沒做要來得大**。

任何事情不是只有一百分跟零分的分別。有可能是八十分或五十分，怎麼樣都比零分高。要是過於堅守自己設定的目標，小心可能會劃地自限。

為了避免陷入只有一百分跟零分，或是有做跟沒做的思維，**最好預先準備多種訓練的選擇**。

假設目標是在附近公園跑五圈。如果堅持一定要跑滿五圈，遇到身心疲憊或天氣不好的日子，便會產生抗拒感。但如果容許自己狀況不好時可以只跑三圈的話，感覺就輕鬆多了。

像我為自己的每日跑步功課設定了十三公里和六公里的兩種進度，時間不夠時就改跑較短的距離。這樣就不容易「因為太忙而沒跑步」了。

練腳也一樣。**雖然目標設定為每組二十次，共做三組，但身心疲憊時也可以改成每組十次，共做三組，或是每組二十次**，共做兩組，這樣起始的門檻就不至於太高。有時實際開始活動身體後，狀況反而變好，最後能順利達成原訂的目標。

知道自己可以依照當天狀況和行程做出不同的選擇，不僅可以避免對訓練產生抗拒感，「什麼都沒做」的情況也會越來越少。

維持運動習慣的訣竅❺

# 「樂在其中」才能持續一輩子

下定決心開始練腳或健走時，一開始往往容易變得過於賣力。

雖然運動員有時必須在訓練中把自己逼到極限，但那是他們的工作。正因為懷有想要奪得奧運金牌的宏大目標，以及堅持不懈的強大信念，他們才承受得了如此艱困的訓練。

一般人過於逼迫自己，有時會對身心造成巨大的壓力，因而對運動產生抗拒感。

**維持健康的練腳和有氧運動，是以持續一輩子為目標，所以最好適可而止，不必把自己逼到極限**。

在「感覺還能多做一些」的狀態下結束運動，自然會產生「下次還想再做」的念頭，也比較容易持續下去。

最重要的是，要享受活動身體的過程，珍惜從中獲得的快樂。

假設是為了健康或減肥而開始練腳健走。雖然「瘦三公斤」、「體脂肪減少5%」之類的目標非常重要，但老是拘泥於目標的話，達成數字的同時，可能也會少了運動的動力。

持續練腳或有氧運動的過程中，希望各位能把焦點放在活動身體的舒爽、健走和跑步的快樂，以及體能變好的愉悅感。

**做運動做得開心，自然會有好的效果。而且做出興趣後，絕對可以持續下去。**

如果不擅長健走，騎自行車和游泳同樣可以提升心肺功能，登山也是很棒的練腳方式。

希望各位都能找到屬於自己的樂趣，持續運動下去。

# 結語

在從事體能訓練師的職涯中，無論是指導學員運動、演講，還是寫書，我在各種場合都不斷強調鍛鍊下肢肌力的重要性。這一路走來應該也已經超過十年了。

跟十年前相比，世界變了很多。網路和相關服務都有長足的進步。拜此所賜，新冠疫情肆虐之下即便減少外出也能生活，有些工作甚至在家就能處理完大部分的業務。而次世代行動通訊系統5G也啟用了，想必今後這個世界會變得越來越便利吧。

疫情爆發之前，我常到日本全國各地演講，或是參與國內外選手的集訓，現在倒也挺懷念那樣的生活。每年去福井縣演講時，我總是很期待前一天能吃到越前蟹，參與肯亞的高地集訓時還轉機好幾次，總共花了四十多個小時才到。如今這些工作都可以在線上完成。當然，再怎麼樣還是實體活動最好，不過這麼做也有大幅減少移動時間及經費支出的好處。人類是追求便利與效率的生物，所以線上服務勢必會繼續進化下去。我派出虛擬分身，到福井和肯亞面對面指導學員……未來一定會進入這樣的時代吧。我也跟一般人一樣，覺得這樣既方便又輕鬆。

但人類持續追求便利性的同時，每天的活動量也會等比例減少。活動量減少，將導致下肢肌肉衰退，這在本書中已經重複過很多次了。在日趨便利的社會裡，為了保持健康，運動不該當成一種特殊活動來做，而是要養成習慣。如同要刷牙才能預防蛀牙，要預防疾病就必須練腳。

曾經有學員說過：「練腳好比吃藥。」這麼有效的藥確實很少見。

正所謂「良藥苦口」。雖然練腳可能很累，卻是保證管用的藥。

二〇二一年三月　中野・詹姆士・修一

## 作者介紹

### 中野・詹姆士・修一（Nakano James Shuichi）

運動動機CLUB100最高技術負責人、PTI認證專業體能訓練師、美國運動醫學學會認證運動生理學士（ACSM/EP-C）。

提倡以強化身體提升競賽能力、預防受傷、對抗運動障礙症候群及文明病，是理論與成果兼備的日本首席體能訓練師。指導過包含頂級運動員和運動初學者等各行各業的學員，並受到廣大的支持。二〇一四年開始，擔任青山學院大學驛站接力賽團隊的體能強化教練。著有《醫生說「請你運動！」時，最強對症運動指南：日本首席體能訓練師教你：1次5分鐘，釋放身體痠痛疲勞，降中風、心臟病死亡率！》（方舟文化出版）、《全世界第一有效的伸展法》（大田出版）等多本暢銷書。

製作協力　古谷有騎、木村竣哉（運動動機公司）

# 參考文獻


『糖尿病食事療法のための食品交換表第7版』
日本糖尿病学会編（文光堂）
『最新 糖尿病診療のエビデンス』
能登洋著（日経BP）
『糖尿病最新の治療2016-2018』
羽田勝計等編（南江堂）
『医師に「運動しなさい」と言われたら最初に読む本』
中野・詹姆士・修一著，田畑尚吾監修（日経BP）
『エネルギー早わかり「五訂日本食品標準成分表」対応』
（女子栄養大学出版部）
『図解でわかる！からだにいい食事と栄養の大事典』
本多京子監修（永岡書店）
『医師とトレーナーが考えた100年時代の新健康体操100トレ』
中野・詹姆士・修一、井手友美・岡橋優子著（徳間書店）
『セルフ・エフィカシーの臨床心理学』
坂野雄二等編著（北大路書房）
『あなたの腰痛が治りにくい本当の理由』
紺野愼一著（すばる舎）
『自分で治せる腰痛　痛みの最新治療とセルフケア』
紺野愼一著（大和書房）

Ciel

# 一輩子受用的腳部健護指南

60 歲からは脚を鍛えなさい　一生続けられる運動のコツ

作　　者　中野・詹姆士・修一
譯　　者　黃健育
發 行 人　王春申
選書顧問　林桶法、陳建守
總 編 輯　張曉蕊
責任編輯　洪偉傑
美術設計　康學恩
業　　務　王建棠
行　　銷　張家舜
影　　音　謝宜華
出版發行
臺灣商務印書館股份有限公司
23141 新北市新店區民權路 108-3 號 5 樓
（同門市地址）

電話　02-8667-3712
傳真　02-8667-3709
讀者服務專線　0800-056193
郵撥　0000165-1
E-mail　ecptw@cptw.com.tw
網路書店網址　www.cptw.com.tw
Facebook　facebook.com.tw/ecptw



局版北市業字第 993 號
2022 年 3 月初版 1 刷
2022 年 5 月初版 1.5 刷
印刷　鴻霖印刷傳媒股份有限公司
定價　新台幣 360 元



構成・執筆協力：神津文人
編集担当：茶木奈津子（PHP エディターズ・グループ）

國家圖書館出版品預行編目 (CIP) 資料

一輩子受用的腳部健護指南／中野・詹姆士・修一著；黃健育譯
——初版——新北市：臺灣商務印書館股份有限公司，2022.03
　面；　公分（Ciel）
譯自：60 歲からは脚を鍛えなさい：一生続けられる運動のコツ

ISBN　978-957-05-3396-5（平裝）
1. CST：健康法　2. CST：運動訓練　3. CST：腳

411.1　　111001006

臺灣商務印書館